Der Rosinenkönig

FREDRIK SJÖBERG

Der Rosinenkönig

oder
Von der bedingungslosen Hingabe
an seltsame Passionen

Aus dem Schwedischen
von Paul Berf

Verlag Galiani Berlin

FSC
www.fsc.org
MIX
Papier aus verantwortungsvollen Quellen
FSC® C014496

Verlag Kiepenheuer & Witsch, FSC-N001512

3. Auflage 2011

Originaltitel: *Russinkungen*

Aus dem Schwedischen von Paul Berf
Verlag Galiani Berlin

Umschlaggestaltung: Manja Hellpap und Lisa Neuhalfen, Berlin
Umschlagmotiv: © Constesy of The Bancroft Library/
University of California, Berkeley
Autorenfoto: © Paula Tranströmer
Lektorat: Wolfgang Hörner
Gesetzt aus der Baskerville
Satz: Pinkuin Satz und Datentechnik, Berlin
Druck und Bindung: GGP Media GmbH, Pößneck
ISBN: 978-3-86971-033-4

Weitere Informationen zu unserem Programm finden Sie unter
www.galiani.de

Es war eine lange Geschichte, und wie die meisten Geschichten auf der Welt endete sie nie. Es gab ein Ende – das gibt es immer –, doch die Geschichte ging nach ihrem Ende weiter – das tut sie immer.

Jeanette Winterson

INHALT

1

DIE GENAUIGKEIT

Meine Handarbeitslehrerin hatte eine philosophische Ader. Man schrieb das Jahr 1971. Ich war in Västervik soeben in die erste Klasse der Mittelstufe gekommen, in einer Schule, die damals einen anderen Namen trug, mittlerweile jedoch nach Ellen Key benannt ist, die eine der wenigen Berühmtheiten der näheren Umgebung ist, die ihren Ruhm wirklich verdienen. Ein großer steinerner Bau, schon damals hundert Jahre alt, mitten in der Stadt.

Die Septemberluft war klar und frisch und der Himmel von einem kühlen Blau. Es roch nach Meer, wie es in Västervik im Herbst üblich ist.

Alles war spannend und neu. Ich lief noch mit Kastanien in den Taschen herum und mein Fahrradsattel war möglicherweise niedriger eingestellt als der anderer, aber mehrere neue Fächer signalisierten gleichwohl, dass für mich bald das wahre Leben beginnen würde. So hatten wir zum Beispiel Handarbeiten, ein Fach, in dem bisher nur die Mädchen unterrichtet worden waren, und sollten Anfang des Schuljahres stricken lernen.

Das Grundprinzip war recht simpel, also die eigentlichen Handgriffe. Einen Schal zu stricken, wie ich es mir vorgenommen hatte, war keine Kunst, erkannte ich in der ersten Unterrichtsstunde. Ich entschied mich für ein Knäuel leuchtend gelber Wolle und ging mit jener frohgemuten Energie ans Werk, die frisch erworbene Fertigkeiten einem verleihen. Meine Finger waren klein und seit langem gewohnt, getrocknete Schmetterlingsfühler und mikroskopisch kleine Käfer zu manövrieren, und vielleicht wurde mein Schal deshalb sowohl lang als auch hübsch, aber kleinmaschig und deshalb steif wie ein Brett und gänzlich unbrauchbar.

Wie schade.

»Genauigkeit«, kommentierte meine Handarbeitslehrerin freundlich, »ist löblich, kann aber sehr leicht übertrieben werden.«

Ich habe viele Male Grund gehabt, mich ihrer Worte zu entsinnen.

2

DAS ERDBEBEN VON SAN FRANCISCO

In dem Feuersturm, der nach dem Erdbeben von San Francisco am 18. April 1906 von Häuserblock zu Häuserblock übersprang, wurde eine der bedeutendsten naturwissenschaftlichen Sammlungen Amerikas zerstört, in mehr als drei Jahrzehnten geduldig zusammengetragen von dem schwedischen Zoologen Gustaf Eisen (1847–1940), der lange als Abteilungsleiter an der California Academy of Sciences tätig war.

Alles ging verloren, auch seine persönliche Habe. Seine Bibliothek, sein Archiv, seine Korrespondenz. Alles. Im Alter von fast sechzig Jahren musste er von vorn anfangen. Sicher, das hatte er auch vorher schon getan, mehrfach sogar, aber trotzdem.

Ich habe mich oft gefragt, wie er es aufgenommen hat. Hat er geweint?

Ich glaube nicht. Dafür war er nicht der Typ. Außerdem hielt er sich zum Zeitpunkt des Unglücks zufällig am anderen Ende der Welt auf; die Nachricht von den Erdstößen und Bränden entnahm er den Zeitungen auf seinem Frühstückstisch an irgendeinem Morgen am Golf von Neapel. Möglicherweise empfand er die Katastrophe als Befreiung. Ich weiß es nicht genau. Ahne es bloß. Bereits zu seinen Lebzeiten war es einigermaßen schwierig, Gustaf Eisen nahezukommen. Er ging seine eigenen Wege, wie eine Katze. Mysteriös und flüchtig.

»Eisen zum Abendessen«, notiert Strindberg in seinem *Okkulten Tagebuch* im Herbst desselben Jahres. »Er erzählte unter anderem, dass Erdbeben in Amerika durch das Auftauchen von Vögeln angekündigt werden; sie sind auf der Unterseite weiß, oben schwarz und ähneln Watvögeln, aber die Art ist unbekannt, und sie werden Erdbebenvögel genannt.«

Es war Eisens letzter Besuch in Schweden.

Er ist einer der eigentümlichsten Menschen, auf die ich jemals gestoßen bin. Möglicherweise auch einer der einsamsten.

Die Regenwurmforschung, der er die erste Hälfte seines Lebens widmete, die brillante Systematik, die sogar Charles Darwin bewunderte, der sich persönlich dafür bedankte, war nichts, wozu er zurückkehren wollte. Sie war für ihn ein abgeschlossenes Kapitel. Die Sammlung war fort, ebenso seine Lust, sie wieder aufzubauen. Ich stelle mir vor, dass er dort in Neapel von seinem Stuhl aufstand, sich streckte und anschließend den Blick schweifen ließ wie ein alter Bär, der die Nase in den Wind hält.

Daraufhin beschloss er, sein Leben fortan dem Studium von Glasperlen zu widmen. Er hatte sich schon vorher in diese Richtung bewegt, hatte sich überlegt, dass fundiertes Wissen über Perlen, die es seit phönizischer Zeit in allen Kulturschichten gab, eine gute archäologische Datierungsmethode bilden könnten. Zehn Jahre beschäftigte er sich mit dem Thema. Reiste und reiste, unermüdlich; besuchte Museen und Sammler und malte jede Perle ab, die er sah. Alle, überall. Er war ein geschickter Aquarellmaler.

Eines schönen Frühlingstages, hundert Jahre später, fand ich das Manuskript.

> »Glasperlen sind nicht nur ein Fest für das Auge, faszinierende Sammelobjekte und sprechen jeden an; auf die richtige Art studiert, sind sie zudem äußerst interessant für den Archäologen, der, einem modernen Detektiv nicht unähnlich, die verstreuten, verblüffenden Anhaltspunkte in Geschichte und Sage verwandeln kann, die anfangs womöglich als bedeutungslose Fragmente wahrgenommen werden, uns jedoch in den Händen eines Menschen, der das Puzzle zu legen weiß, in einen engen Kontakt zu jenen treten lassen kann, deren Geschichte wir nachzuspüren und zu verstehen anstreben.«

Ich habe auch die Aquarelle gesehen. Sie liegen seit mehr als einem halben Jahrhundert, völlig vergessen, in einem Archiv im Stockholmer Stadtteil Östermalm – 40 000 Stück. Die niedlichsten kleinen Bilder, die man sich nur vorstellen kann, geordnet nach einem grandiosen System, ein ganzes Universum in Miniatur. Ob anwendbar oder nicht, soll dahingestellt bleiben. Das Werk wurde nie veröffentlicht. Der Krieg kam dazwischen. Auch anderes. Er fing noch einmal von vorn an.

Warum macht man weiter?

Welche Sehnsucht treibt einen an?

Eisen fand sogar The Holy Grail. Buchstäblich. Den Gral! Also jenen zweitausend Jahre alten Silberkelch, den Romantiker aller Epochen verzweifelt gesucht, aber *nicht* gefunden haben, wie einen Traum. Doch Eisen war ein Mann der Praxis, jemand mit Kennerblick, der den wahren Gral entdeckte. Der Gral stammte, wie sich herausstellte, aus Antiochia in der römischen Provinz Syrien. Auch ich habe ihn gesehen. Ein reich verzierter Silberkelch, der heute einen sehr prominenten Platz im Metropolitan Museum of Art auf Manhattan einnimmt, am Rande des Central Parks, direkt am Waldrand. Für das Buch, das Eisen über das gute Stück schrieb, fand sich leichter ein Verleger. *The Great Chalice of Antioch.* Es erschien 1923. Ein Prachtband. Es ist das größte, schwerste und kostbarste Buch in meinem Besitz. Schraubt man ihm Beine an, hat man einen Tisch.

Eine gekürzte Ausgabe in einem kleineren Format, die in den dreißiger Jahren veröffentlicht wurde, kann man noch heute in Neuauflagen kaufen. Gleiches gilt im Übrigen auch für Gustaf Eisens berühmtes Buch von 1890 über die kalifornische Rosinenkultur. *The Raisin Industry: A Practical Treatise on the Raisin Grapes, their History, Culture and Curing.*

Berühmt, will sagen, unter Kennern.

Das facettenreiche Werk meines Landsmanns ist heute außerhalb einer Reihe von Subkulturen, so schmal wie Strohhalme, weitestgehend unbekannt. Gotlandbotaniker, Feigenveredler und Regenwurmtaxonomen, Mayaforscher, Gralmystiker, Weinbauern, Nationalparkhistoriker, Glasexperten, Alpinisten, Theosophen, Zylindersiegelsammler, Rosinenzüchter, Strindbergkenner und andere Fanatiker, religiöse Bibliophile eingeschlossen, sowie diverse andere kennen ihn. Soweit ich weiß, stehen sie untereinander nicht in Kontakt. Jeder von ihnen hat seinen eigenen Eisen, meistens nur in Gestalt eines Namens in einer kleingedruckten Fußnote, die kein Mensch sieht, geschweige denn liest. Wer er war, weiß niemand.

Kein Wunder also, dass ich anfangs erschrocken, und bedrückt, reagierte. Der arme Kerl. Ergeht es einem so? The Holy Grail! Glaubte er das wirklich? War er verrückt geworden? Oder das eben gerade nicht? Ich griff mir an die Stirn.

Im Laufe der Zeit verwandelte sich mein Gefühl jedoch in etwas, das an Freude erinnerte, eine ganz spezielle Heiterkeit, die zumindest bei mir mit langen Wanderungen durch schöne Landschaften verknüpft ist. Zuversicht, vielleicht, und Ruhe. Als Gustaf Eisen seinen 93. Geburtstag feierte, berichtete *The New York Times* von der Party in seiner riesigen Wohnung in der Park Avenue. Folke Bernadotte tauchte genauso im Menschengewimmel auf wie die Schriftstellerin Rosalie Edge, und Eisen sah man alle Kerzen auf der Torte auspusten – auf einen Streich. Die Torte und er sind auf Fotos festgehalten worden.

Der Jubilar erhob sein Champagnerglas und bat um Ruhe. Er dankte Anwesenden und Abwesenden für ihre Glückwünsche. Sogar sein alter Freund Strindberg schaffte es, mit von der Partie zu sein, obwohl er zu diesem Zeitpunkt schon seit fast dreißig Jahren tot war. Typisch Strindberg, er drängelt sich überall hinein. Aber Eisen war bester Laune und ergriff sogar die Gelegenheit beim Schopf, ein Stückchen zu dichten, wenn er schon auf Strindberg zu sprechen kam.

Berührt von des Geistes zauberischer Hand
Flog dein Name von Land zu Land.
Du wurdest des Dramas großer Meister –
Ich fand im Schoß der Natur meine Lebensgeister.

Bald scheint die Zeit gekommen zu sein
dass wir uns wiedersehen dürfen.
Das irdische Leben wird dann Erinnerung sein
für dich wie auch für mich, mein Freund.

Vielleicht werden, ein weiteres Mal, wir zwei
des Lebens Rätsel zu lösen versuchen ganz frei

Nein, ein großer Dichter war er sicher nicht, aber der abschließende Behelfsreim muss wohl dennoch als Volltreffer betrachtet werden. »Vielleicht werden, ein weiteres Mal, wir zwei / des Lebens Rätsel zu lösen versuchen ganz frei«. Diese Strophe kann für vieles auf dieser Welt als Eingangsworte dienen. Ich fand den Vers in einem weiteren vergilbten Zeitungsausschnitt, wahrscheinlich aus einer schwedisch-amerikanischen Zeitung, die über die Feier berichtete, und bewahre ihn wie eine Reliquie auf.

Zwei Monate später weilte er nicht mehr unter uns.

Und weil es von allen Menschen ausgerechnet Gustaf Eisen war, der die größten aller Bäume für die Nachwelt rettete, indem er für die Gründung des Sequoia National Park in der Sierra Nevada, Kalifornien, sorgte, liegt er dort, am Fuße des stattlichen Mount Eisen, begraben.

Ich war also wieder unterwegs. Eine letzte Reise.

Doch vorher, zwischen Aufbruch und Abfahrt, nutzte ich die Zeit, um einige Nachforschungen anzustellen. An welchem Ende ich ziehen sollte, um das Knäuel seiner Lebensgeschichte zu entwirren, um es danach eventuell aufzuwickeln, war nicht leicht zu erraten, aber ich entschied mich schließlich doch für das Ende, an dem man als Erstes zu ziehen pflegt. Ob des Rätsels Lösung tatsächlich in der Kindheit zu finden sein würde, wusste ich natürlich nicht. Aber dort begann ich jedenfalls meine Suche.

3

DAS WUNDERLAND

Der Duft von Wurmkraut in voller Blüte beschwor unvermittelt die lang zurückreichende Erinnerung an eine Straßenlaterne in einer Sommernacht herauf, an einer nicht asphaltierten Straße, die in einem Bogen durch eine schlummernde Einfamilienhausidylle zwischen Meer und Wald führt, an Augustdunkelheit, in der ein Junge im Lichtkegel der Laterne steht, den Blick auf einen Schmetterling gerichtet, der irrend seinen Schatten auf die Straße wirft. Er überlegt.

Erzählen ist das Letzte, was ihn interessiert.

Er sehnt sich nirgendwohin und hat kaum eine Geschichte. Er ist so tief in Gedanken versunken, dass er den Dachs anfangs nicht bemerkt, der entlang der Steinmauer am Straßenrand näher kommt. Erst als die beiden sich schon ganz nahe sind, entdecken sie einander und erschrecken beide gleichermaßen. Der Dachs macht eine Kehrtwende und läuft ein Stück davon, ehe er in Doktor Colfachs Dschungel aus Fliederbüschen und Spiräen abbiegt. Man nannte dieses Dickicht die Hecke.

Der Junge blieb stehen. Allein, mucksmäuschenstill, in der Mitte des Lichtkegels.

Einen Zwölfjährigen sollte man niemals unterschätzen.

Willig ließ ich mich zu diesem Ausgangspunkt zurückführen.

In jenem Sommer, im August 1970, wurde ich zwölf, war der Grenze also schon gefährlich nahe, hinter welcher der Zauber der Kindheit bricht. Aber noch war ich eine Weile sicher, verfolgte keine Absichten. Wahrscheinlich hatte ich mehr gemeinsam mit Dachsen und Igeln als mit den Schulkameraden, die nur zwei Jahre älter waren. Noch war ich allein – Einsamkeit existierte nicht – und hielt mich jede Nacht auf der Straße vor dieser Lampe auf, zumindest in den wärmeren Nächten, wie in Abenteuer entlaufen, von denen ein Teil natürlich imaginäre Mysterien waren, aber nicht alle. So war die Geschichte von dem Diebstahl beispielsweise nur allzu wirklich. Deshalb hatte ich sie wahrscheinlich vergessen. Oder sagen wir lieber: verdrängt. Erzählt habe ich sie jedenfalls nie, niemandem.

Erst jetzt kam die Erinnerung hoch. Am Fuße des Laternenpfahls wuchs Wurmkraut.

All die Dinge, mit denen man sich in diesem Alter beschäftigt, sind in erster Linie Vorbereitungen mehr oder weniger schicksalsschwerer Art. Dennoch glaube ich, dass es für meine Jagd damals, und die Träume, keiner anderen Erklärung bedarf, als dass ich Schmetterlinge sammelte. Sie hat zudem den Vorteil, der Wahrheit zu entsprechen. Die Sammlung war mein liebstes Hab und Gut. Eine häufig durchgespielte Heldenfantasie handelte davon, dass in unserem Haus ein Feuer ausbrach und mich zwang, ohne Bedenkzeit und spärlich bekleidet zu entscheiden, was als Erstes gerettet werden sollte. Und die Antwort lautete ein ums andere Mal: die Schmetterlinge.

So war es, zögere nicht, und es war wirklich still in dieser Nacht, in der die Tat geplant wurde. Die Tochter des Gärtners hatte in ihrem Giebelzimmer unter dem Dachfirst des Hauses, das der Straßenlaterne am nächsten stand, längst das Licht gelöscht. Von dem alten Ehepaar hinter der Oleanderhecke hörte man selbst tagsüber nie etwas, und Kalle Kongo mit seiner alten Mutter am Anstieg hatte noch keinen Strom, was zwar ein wenig eigenwillig, während meiner Kindheit am Stadtrand von Västervik jedoch alles andere als ungewöhnlich war. Åkermans Haus nebenan stand leer, gehörte jedoch jemandem, den keiner kannte und von dem niemand etwas wusste, weshalb die älteren Frauen ihn den Traumprinzen nannten, bloß weil das Haus so reizend war mit seiner romantischen Veranda, von der man freie Sicht auf Kit Colfachs imposante Villa und das halb zugewachsene, parkähnliche Grundstück am Wasser hatte, das in direkter Nachbarschaft zur Karosseriefabrik lag – die es heute nicht mehr gibt, die aber damals, Anfang der siebziger Jahre, noch betrieben wurde. Nachts allerdings nicht. Dann waren die Eisentore geschlossen, alles war still und das gesamte Fabrikgelände ruhte in völliger Dunkelheit. Sich dort hineinzuschleichen war streng verboten, ich hätte es niemals zu tun gewagt.

Was die Glühlampe der Laterne anging, war ich mutiger. Ich hatte den Plan, sie zu stehlen. Die Gründe dafür waren einfach und, wie ich glauben möchte, in ihrer seltsamen surrealistischen Kinderlogik nachvollziehbar.

*

Plötzlich, nur für einen Moment, meinte ich einen Zusammenhang erkennen zu können. Als wäre Eisens Geschichte eine Erinnerung an etwas. Ich war ihm seit mehr als einem Jahr in Archiven und Büchern auf der Spur und ihm dabei so auf den Leib gerückt, dass es mir zuweilen vorkam, als wäre es eher umgekehrt, als jagte er hinter mir her. Jedenfalls war ich fest entschlossen, seinem unsteten Lebensweg zu folgen. Die Aufgabe amüsierte mich, mehr war es vielleicht gar nicht.

Anfangs machte ich mir keine Gedanken darüber, dass er dreiundneunzig wurde. Ein beachtliches Alter, gewiss, aber für einen Sammler und Wandersmann wie ihn nicht auffällig hoch. Ernst Jünger, der sich mit siebzig Jahren über dieses interessante Phänomen ausließ, gab die Käfer erst auf, als er 102 war. Eingefleischte Entomologen betrachten seinen Fall als normal.

Nein, die Zahlen sagten mir nichts. Es war, als läse man in einem Vogelführer, dass Adler eine Spannweite von bis zu zweieinhalb Metern erreichen können. Was das wirklich bedeutet, begreift man erst, wenn man den großen Vogel aus nächster Nähe sieht, und in Eisens Fall wurde das Leben, das er geführt hatte, gleichsam in seiner vollen Spannweite erst sichtbar, als ich anfing, die wenigen erhaltenen Briefe an ihn durchzusehen. Die Absender sagten mir meistens nichts, aber manche von ihnen waren mir wohlbekannt. Charles Darwin hatte Gustaf Eisen Briefe über Regenwürmer geschrieben. Andere waren noch älter, im 18. Jahrhundert geboren, und viel, viel später, als er wie ein Uhu in seiner riesigen Wohnung in Manhattan hockte, bekam er einen Brief über seltsame Bäume im nördlichen Uppland – geschrieben von Nils Dahlbeck.

Nisse! Ich schreckte auf und verlor mich in Gedanken über die Länge des Lebens und seinen in glücklichen Fällen unermesslichen Reichtum. Nisse Dahlbeck weilt zwar nicht mehr unter uns, aber Anfang der achtziger Jahre, als ich für das schwedische Fernsehen eine Sendung über *Die Feldbiologen* machte, jenen Verein, den Nisse kurz nach dem Krieg mit einigen anderen gegründet hatte, standen wir in Kontakt. Uns Feldbiologen ist es, unabhängig vom Alter, seit jeher leicht gefallen, persönliche Kontakte zu pflegen. Wir laufen mit den gleichen Lupen in den Taschen herum.

*

Wurmkraut, so einfach war das. Der Duft von Fallobst und blühendem Wurmkraut. Zurück. Ich habe mich gleichsam im Kreis bewegt.

Die Kunst, sich in der Vegetation zu verstecken, muss zu Urzeiten ausgesprochen vorteilhaft gewesen sein, evolutionär betrachtet, meine ich, vermutlich war diese Fähigkeit von größerer Bedeutung als Schnelligkeit und Muskelkraft. Deshalb spielen Kinder Verstecken und fühlen sich zu dunklen Nischen hingezogen, in denen sie dann sitzen und mit schwächelnden Taschenlampen blinken. Ihr Verhalten ist tief in der menschlichen Biologie verwurzelt. Genau wie das Sammeln.

An den Schmetterlingen, die im Sonnenlicht fliegen, am Tag also, war im Grunde natürlich nichts auszusetzen, überhaupt nichts, aber es gab davon nicht sehr viele, weshalb sie für mich im Laufe zweier, vielleicht auch dreier Sommer im Großen und Ganzen abgehakt waren. Zwar galt es immer noch, den einen oder anderen schwer bestimmbaren Bläuling oder ungewöhnlichen Perlmuttfalter in der näheren Umgebung aufzutreiben, und der Apollo narrte mich bis zuletzt, doch das reichte trotz allem nicht aus, meine Begehrlichkeiten zu befriedigen.

Meine zwei Apollos, wenn wir schon bei ihnen sind, ein männliches und ein weibliches Exemplar, präpariert am 11. Juli 1971, habe ich peinlicherweise nicht selber gefangen. Ich kaufte sie lebend, in einem großen Glas, das nach Salzgurken roch, zwei jüngeren Spielkameraden ab, die einen Katzensprung entfernt am gleichen Ende der Straße wohnten. Mittlerweile hatte ich nämlich eine kleinere Firma gegründet, deren alleinige Geschäftsidee darin bestand, bis zu zwei Kronen pro Stück für Schmetterlinge zu zahlen, die mir in meiner Sammlung noch fehlten. Alle Kinder, die ich kannte, wurden angeworben, so auch diese beiden Brüder, die Söhne eines Mannes, der lokalen Ruhm genoss und aus Gründen, die sich mir nie ganz erschlossen haben, *Der Timer* genannt wurde. Man erzählte sich, es habe mit seinen Glanztaten bei den

Olympischen Spielen in Berlin 1936 zu tun, wo er in einer damals völlig neuen und genauso schnell wieder abgeschafften Disziplin siegte, bei der es darum ging, möglichst schnell in einem in Bayern erfundenen, zusammenklappbaren Kanu zu paddeln.

Ich durfte einmal seine Goldmedaille in der Hand halten. Die Apollos hatten die Brüder an einem Ort namens Åldersbäck, südlich der Stadt, erbeutet, und ihr Fang wurde, ich weiß es noch wie heute, auf dem Müllhaufen hinter dem Plumpsklo bei uns daheim präsentiert. Ich schlug auf der Stelle zu. Vier Kronen, in bar, inklusive Glas. Peinlich, wie gesagt, aber der schnöde Kommerz ist nun einmal eines der niederen Stadien der Zivilisation, dessen Hohlheit man selten sieht, ohne erst gewisse eigene Erfahrungen damit gemacht zu haben.

Wie gesagt: Tagsüber reichte mir nicht. In den Nächten flog dagegen eine nahezu unendliche Zahl von Arten, von denen viele sicherlich klein und einigermaßen farblos waren, aber manche von ihnen waren auch groß wie Fledermäuse und andere wundersam schön. Schwärmer, Spinner, Spanner, Eulenfalter. Und so kam es, dass die Sommernacht zu meiner Spezialität wurde. Man benötigte nichts als eine gute Lampe und ein wenig Fantasie. Dann konnte man wie in einem Nest aus Licht hocken und stundenlang warten und sich ausmalen, was in der Nacht umherflog und vielleicht, vielleicht vom Lichtschein angelockt werden würde.

Und es passierte. Seltsame Falter kreuzten meinen Weg. Das Problem war die Glühlampe.

Das Ganze hatte im Sommer des Vorjahrs, also

1969, ganz ausgezeichnet angefangen. Obwohl ich wusste, dass man Nachtfalter am besten mit Lichtquellen anlockt, die ultraviolettes Licht verströmen, hatte ich in jenem ersten Sommer trotzdem erstaunlich viel Erfolg mit einer ganz gewöhnlichen Glühlampe. Wahrscheinlich wurde die mangelhafte Qualität des Lichts von ihrer brutalen Energie kompensiert, die daher rührte, dass ich eine der Fotolampen meines Vaters benutzte. 500 Watt stark, so groß wie ein Topf.

Richtige Entomologen, das wusste ich, besaßen raffinierte Quecksilberlampen von höchstens 175 Watt, doch die waren sowohl teuer als auch schwer aufzutreiben und damit für mich unerreichbar.

Ich befestigte die Glühlampe am oberen Ende eines ausgemusterten Lakens auf dem Rasen am Haus und schaltete den Strom in der Regel bereits in der Dämmerung ein, woraufhin der gesamte Garten hell erleuchtet wurde, allerdings nicht wie eine Theaterbühne, sondern eher von innen heraus. Da wir im Wald wohnten, wurde unser Garten von großen Eichen und Kiefern gesäumt, die sich in dem magischen Licht wie aus Neugier nach innen zu neigen schienen, und die Schatten hinter ihnen waren so scharf und vollendet schwarz, dass sie alles Mögliche verbergen konnten. Manchmal stellte ich mir die ganze Herrlichkeit vom Weltraum aus vor; überlegte, dass man meine Lampe von einer Rakete auf Umlaufbahn der Erde aus mit Sicherheit sehen können würde, denn es war der Sommer, in dem es den Amerikanern im Rahmen des Apolloprojekts gelang, zwei Männer auf dem Mond landen zu lassen, und die Fernperspektive von oben war sowohl neu als auch unwiderstehlich.

Viel später habe ich den gleichen warmen Raum aus schierem Licht in jenem Gemälde Strindbergs wiedererkannt, das den Titel *Wunderland* trägt, eines seiner besten, in weiter Ferne von der Heimat gemalt.

Kurz und gut, zur Katastrophe kam es in Gestalt eines Regentropfens, eines einzigen bloß, vielleicht nicht aus heiterem Himmel, aber doch fast – so als hätte jemand im Weltall angesichts des Jungen dort unten mit seinem lächerlichen Kescher und seinen unrealistischen Hoffnungen eine Träne vergossen. Die große Studioglühlampe explodierte mit einem mächtigen und satt puffenden Laut, der wahrscheinlich überhitzten 500-Watt-Exemplaren vorbehalten ist. Dunkelheit senkte sich auf den Garten herab, das Ganze ging sehr schnell, und im selben Moment kam eine Bö aus eiskristallähnlichen, klirrenden Stücken aus feinstem Glas. Millionen Stücke, mikroskopisch klein.

Nun ja, danach war es mit der Bereitwilligkeit meines Vaters, mir seine Glühlampen auszuleihen, vorbei. Sie waren sicher auch nicht ganz billig.

So verschlug es mich unter die Straßenlaterne.

Ein älterer Kamerad bei den *Feldbiologen* hatte mir erklärt, die Beleuchtung an Straßen und Wegen bestehe aus sogenannten Mischlichtlampen, die genügend ultraviolettes Licht abstrahlten, um selbst besonders wählerische Falter anzulocken. Alles, was man benötige, hieß es, seien eine lange Leiter und ein großer Topflappen. Sie tagsüber zu stehlen, empfahl sich nicht, und nachts waren die Glühlampen glühend heiß. Es war auch keine gute Idee, sie hängen zu lassen, wo sie waren, und unter ihnen herumzustehen, denn dann kam man an nichts heran.

Bereits im Vorsommer hatte ich es versucht, wenn auch nicht mit einer Leiter, da unsere ausgesprochen kurz war, sondern mit einer eigenen Erfindung. Nun ja, so eigen war sie vielleicht auch wieder nicht; ich hatte beobachtet, wie es zuging, wenn die Männer vom Straßenbauamt die Glühlampe einer Straßenlaterne mit Hilfe einer langen Stange auswechselten, an deren Ende eine Gummitülle saß, die der eigentlichen Glühlampe übergestülpt wurde. Anschließend brauchte man nur noch zu drehen und sie herauszuschrauben. Das hatte nun wirklich kinderleicht ausgesehen.

Mir einen sechs Meter langen Stab zu besorgen, war nicht weiter schwierig. Das alles spielte sich vor der Zeit städtischer Klärwerke ab, sodass es im Wald zahlreiche Stellen gab, an denen Abflussröhren mündeten und das Erdreich so vorzüglich düngten, dass junge Espen wie Pfeifenreiniger in die Höhe schossen. Sie waren lang und nicht sonderlich schwer, wenn man Zweige und Rinde entfernt hatte. Die Gummitülle war da schon eine größere Herausforderung, aber am Ende entschied ich mich für ein ausrangiertes Plastikspielzeug, ein spitztütenförmiges, netzgemustertes Teil, das im Zweierpack verkauft wurde und dessen Funktion darin bestand, mittels eines Abzugs am Griff der Tüte einen Tischtennisball abzuschießen. Anschließend sollte ein Gleichgesinnter den Ball in der zweiten Tüte auffangen und wieder zurückschießen. Das war nichts, was einen auf Dauer begeistern konnte.

Ich fütterte die Innenseite des Plastikgehäuses mit dem Gummi eines alten Fahrradschlauchs und befestigte das Konstrukt mit Stahldraht und Isolierband am Ende des Espenstabs. Bald würde die Glühlampe mir gehören. Ich versteckte das Instrument im Wald und wartete die erstbeste Gelegenheit ab – sie dürfte sich relativ früh in jenem Sommer ergeben haben, denn ich erinnere mich noch, dass in der Hecke wie besessen eine Nachtigall sang, als das Verbrechen begangen wurde. Oder begangen werden sollte. Es lief dann doch nicht alles nach Plan.

Was ich nicht bedacht hatte, obwohl ich es eigentlich wusste, war die Tatsache, dass Mischlichtlampen empfindlich auf Stöße reagieren. Man braucht nur gegen den Laternenpfahl zu treten, um sie ausgehen zu lassen. Nach einer Weile leuchten sie zwar wieder auf, aber das nützte mir in diesem Fall natürlich nichts. Als es mir gelang, das Plastikteil über die Glühlampe zu stülpen, wurde ringsum plötzlich alles stockdunkel, unter anderem, weil ich davon geblendet worden war, in das Licht zu starren, während ich den stark schwankenden Espenstab manövrierte. Nun würde mich zumindest keiner sehen, überlegte ich, und drehte vorsichtig gegen den Uhrzeigersinn, ohne zu sehen, was ich tat. Es passierte nichts. Ich setzte etwas mehr Kraft ein und daraufhin ging es leichter, viel zu leicht. Das Plastikding hatte sich vom hölzernen Schaft gelöst, und als die Lampe nach einer Weile wieder anging, sah ich, dass es da oben festhing. Fliederduft mischte sich mit dem Geruch verbrannten Gummis. Ich ging heim.

Am nächsten Morgen war der Plastikzylinder zum Glück heruntergefallen und die Lampe erwies sich als erstaunlich hart im Nehmen. Die Gummireste auf dem Glas verkochten oder verbrannten, dann war wieder alles wie vorher. Ich war jetzt zwar Besitzer eines ungewöhnlich langen Stocks und mir kam flüchtig der Gedanke, ihn zu einem Keschergriff umzubauen, um das Problem mit hoch fliegenden Nachtschwärmern auf diese Art zu lösen, aber ich verzichtete dann doch darauf. Es hätte lächerlich ausgesehen und wäre peinlich geworden, worauf ich schon damals ausgesprochen sensibel reagierte

*

Am Ende besitzt man nur die Düfte. Eventuell auch das klirrende Geräusch der Flaschen, wenn der Brauer den Getränkelaster mit Leergut belud, oder das der Glühkopfmotoren der Fischerboote im Tre-Bröders-Sund. Dinge dieser Art. Blind verlasse ich mich heute nur noch auf Erinnerungen, die nie dokumentiert wurden. Nicht, weil die Fotografien lügen würden, sondern weil sie einem im Gegenteil jene halben Lügen verbieten, welche die echte Hälfte aller wahren Erinnerungen bilden.

*

Etwas später im selben Sommer schöpfte ich dann übrigens das Fass für Peinlichkeiten bis zur Neige aus. Im *Schmetterlingsbuch für jedermann* des Dänen Torben Langer, das ich mir regelmäßig aus der Stadtbücherei auslieh, ein prächtiger Band mit schönen Abbildungen, hatte ich eine Passage gelesen, die meine Fantasie besonders anregte, einen Satz nur. Er lautete: »Es ist zudem allgemein bekannt, dass man große Mengen Schwärmer zu Birnen locken kann, die kräftiges ultraviolettes Licht abstrahlen, das für den Sammler selbst allerdings unsichtbar bleibt.«

Das klang zwar ein wenig kryptisch, erschien mir jedoch nicht völlig abwegig. Insekten zieht es zu halbverfaulten Früchten aller Art, das hatte ich in anderen Büchern gelesen, und was unsichtbares UV-Licht jemandem bescheren kann, der nachts Falter sammelte, wusste ich natürlich. Und hier hatten wir offensichtlich die vollkommene Kombination. Birnen gab es überall. Es galt nur, die richtige Sorte zu finden.

Dass die Erklärung des Mysteriums dämlich und banal war, begriff ich erst, als es schon zu spät war; dass man im Dänischen wie auch im Deutschen das gleiche Wort für Birne und Glühlampe benutzt und die Behauptung folglich nichts als ein Übersetzungsfehler gewesen war. Wie hätte ich das verstehen können? Die Natur war voller Wunder. Ich war auf alles gefasst. Hinters Licht geführt wurde man von älteren Spielkameraden, aber doch nicht von Büchern. Also glaubte ich daran. Wenn Glühwürmchen sichtbares Licht erzeugen konnten, was an sich schon eine Sensation war, dann konnten Birnen mit Sicherheit auch ein bisschen unsichtbares abgeben.

So wird es sein, räsonierte ich, und natürlich wäre

es besser gewesen, wenn ich beim Räsonieren geblieben wäre; doch eines Tages am Anfang des Schuljahres nahm ich auf dem Heimweg all meinen Mut zusammen und trat zu einer der alten Frauen, die auf dem Fiskartorget Obst verkauften.

»Haben Sie Birnen, die ultraviolettes Licht abstrahlen?«

Ich hatte vorher gründlich unterschiedliche Vorgehensweisen erwogen und am Ende beschlossen, das Wort »abstrahlen« zu benutzen, genau wie in dem Buch, aber ich hörte selbst, wie dämlich es klang, und spürte instinktiv, dass etwas schiefging. Die Alte glotzte mich aus dem Bündel von Schals, Lumpen und Wollstrickjacken, das ihre gedrungene Gestalt verhüllte, bloß an. Es roch nach geräuchertem Aal, und ich war am Boden zerstört. Daran, welche Gedanken sich in diesem Augenblick unter ihrem Kopftuch regten, wage ich nicht zu denken, aber zu jener Zeit wusste man an den Verkaufsständen auf dem Fiskartorget in Västervik wahrscheinlich herzlich wenig über ultraviolette Strahlen. Sie schnaubte nur, ganz kurz, ehe der angemessenere Wunsch eines anderen Kunden die Situation rettete und mir die Möglichkeit eröffnete, den Rückzug anzutreten.

Ich bin mir nicht sicher, wer das Missverständnis aufklärte, meine Lehrerin vielleicht, aber ich erinnere mich an ein Lachen, spontan und herzlich, und daran, wie peinlich das alles war und dass ich rot wurde und mich schämte und beschloss, die Erwachsenen nie wieder in meine Versuche einzubeziehen, zu nächtlicher Stunde Falter zu fangen. Fortan würde ich auf eigenen Beinen stehen.

Noch am selben Abend stand ich wieder unter der Straßenlaterne. Ein riesiger Eulenfalter umkreiste die Lampe, immer rundherum, ohne jemals in Reichweite meines Keschers zu kommen. Ich konnte ihn erkennen; ein Blaues Ordensband. Wie lange ich dort stand, weiß ich nicht, aber das Wurmkraut blühte und der Geruch der schwarzbraunen Imprägnierung des Laternenpfahls hing wie ein Schleier, wie eine schwache Dissonanz über allem.

Die Vorstellung dauerte vielleicht eine Stunde. Der Falter erinnerte mich vage an eine Fledermaus. Ein Dachs kam vorbei. Ansonsten herrschte Stille. Es war der Moment, in dem ich meinen Plan schmiedete.

4

DER EIGENBRÖTLER

Schweden ist ein kleines Land. Früher oder später finden sich Schweden immer. Gustaf Eisen fand ich sogar zweimal, aber unsere erste Begegnung verstrich unbemerkt. Das Wissen über das Vorbild des Eigenbrötlers war damals einfach zu exklusiv und Literaturdozenten und selbsternannten Strindbergkennern vorbehalten, die so trocken waren wie Rauchpilze.

Ich hatte beschlossen, meine Bestandsaufnahme zur Naturgeschichte der Sommernacht auch um den romantischen Widerschein der Mystik und der Vergnügungen dieser Nächte zu erweitern, der in der nordischen Literatur allerdings allgegenwärtig ist. Ich musste mich bei der Recherche also auf Gedeih und Verderb einschränken. Ich konzentrierte mich auf die Autoren Sillanpää, Sven Rosendahl und Sten Selander und widmete einen ganzen Winter der Lektüre des Dichters Gunnar Ekelöf. Aber natürlich auch der Lektüre Strindbergs, und eine Stelle, die ich in meinen Feldnotizen festhielt, war die kurze Erzählung »Der Eigenbrötler« in Strindbergs Schilderung des studentischen Lebens in Uppsala, *Aus dem lateinischen Viertel: Skizzen von der Universität.*

Das Stück war mir früher schon ins Netz gegangen, in einem anderen Jahr, als ich versuchte, mein Desinteresse an Literatur – das mir peinlich war – dadurch zu überwinden, dass ich untersuchte, wie schwedische Schriftsteller seit undenklichen Zeiten beliebten, Entomologen zu porträtieren. Der Eigenbrötler, wie die Hauptperson genannt wird, sammelt nämlich Insekten, was sich der Einleitung der Erzählung entnehmen lässt.

> »Er besuchte niemanden, ging niemals aus und machte sich sehr rar. Er wohnte am Friedhof in zwei Zimmern und vermutlich einer Küche, Letzteres fand man niemals heraus.
> Auf seiner Eingangstür, die mit einer mattgeschliffenen Glasscheibe versehen war, stand eine unmissverständliche Bekanntmachung: »Antreffbar nur bis 7 Uhr vormittags.«
> Klingelte man, öffnete sich eine ganz andere Tür im Eingangsflur, und eine mürrische ältere Frau steckte den Kopf heraus und fragte: Wer da? Antwortete man daraufhin nicht augenblicklich höflich mit seinem Namen und seiner Studentenverbindung, schloss sich die Tür für alle Zeit. Beharrte man darauf zu klingeln, verstummte die Klingel schon bald, vielleicht von alleine, vielleicht von eines anderen Hand.
> Gelangte man dagegen hinein, fand man sich als Erstes in einem Naturalienkabinett mit Herbarien, ausgestopften Vögeln, Insektenschubladen und Aquarien wieder; später in einem salonartigen Studierzimmer, das Spuren eines halb vergangenen Luxus aufwies. Rote Plüschlehnsessel, gestickte Teppiche, fadenscheinige Kissen mit Tapisseriearbeiten, Ölgemälde an den Wänden, darunter sogar ein namhafter alter

Flame; eine hübsche Bibliothek, ein kostbares Mikroskop und eine Staffelei.«

Die Person, die in der Erzählung beschrieben wird, ist eine Art Misanthrop, ein elternloser Vierundzwanzigjähriger, der von Zinsen lebt und seine Zeit mit zoologischen Studien verbringt. Der Autor verweilt insbesondere dabei, dass es ihm, als er bei dem seltsamen Studenten zum Fenster hineinlugt, gelingt, ihn in dem flüchtigen Moment zu beobachten, als er eine *Medusa* in einem Salzwasseraquarium inklusive Grünalgen der Gattung *Enteromorpha* füttert. Er ist eine rätselhafte Gestalt, Egoist genannt, und lässt andere nur höchst ungern an sich herankommen. Unnahbar, missverstanden. »Ich wollte ihm gerne näherkommen, aber es gelang mir nicht; ich wollte seine Geschichte haben, aber er gab sie mir nicht.«

Die Erzählung ist kurz, ganze fünf Seiten lang, aber trotzdem, wie es sich gehört, inhaltsschwer und aufschlussreich, vor allem, wenn man weiß, dass es sich bei dem so Porträtierten um den jungen Gustaf Eisen handelt. Mehrere der geschilderten Ereignisse haben sich nachweislich während Eisens und Strindbergs gemeinsamer Zeit an der Universität Uppsala zugetragen. An einem Trinkgelage bei Eisen war Letzterer persönlich beteiligt, das in dem Text vorkommt, und er durfte seinen Freund interessanterweise gelegentlich auch nachts begleiten, auf jenen Exkursionen, die schlichtere Gemüter in Studentenkreisen mit mystischen Andeutungen umrankten:

»Eines dunklen Abends hatte ein Kommilitone ihn mit einer Laterne in der Hand auf dem Friedhof umherschleichen sehen. Schreckliche Dinge wurden getuschelt; ich verteidigte ihn, wusste jedoch selbst nicht, was ich glauben sollte, denn er war ein fanatischer Naturforscher. Ich fühlte mich um seiner Ehre willen verpflichtet, ihn nach dem wahren Sachverhalt zu fragen!
Er wurde böse und antwortete nicht!
Gleichzeitig hierzu zirkulierte eine andere mysteriöse Geschichte: Ein junger Student, sehr emsig und mit viel Sinn für das Studium, hatte sich, da ihm die nötigen Mittel zur Fortsetzung seiner Studien fehlten, bereits darauf eingestellt, Uppsala zu verlassen und sich einem unbekannten Schicksal in der Hauptstadt zu stellen. In der Stunde des Abschieds kommt der Briefträger mit einem Einschreiben, das eine Geldsumme sowie das Versprechen auf den gleichen Betrag in jedem Monat enthielt, solange er studiere und fleißig sei.
Die Handschrift war verstellt und die Unterschrift unleserlich. Die Geschichte machte die Runde, bis sie alt wurde, und der glückliche junge Student korrespondierte mit seinem Unbekannten unter einem Pseudonym à poste restante.«

Am Ende der Erzählung wird enthüllt, dass der Einsiedler am Mikroskop und inmitten von Aquarien beileibe kein Grabschänder war, wie die jungen Männer getuschelt hatten, sondern im Gegenteil mit den edelsten Motiven unterwegs war. Er sagt: »Meine Friedhofsspaziergänge bei Laternenschein galten einem seltenen Regenwurm, den ich für den *Überblick* der Akademie der Wissenschaften beschrieb.«

Und dieses Werk hatte ich zufällig auf dem Dachboden. Fünf Einkaufstüten, gefüllt mit einer alten Restauflage dieser vorzüglichen Schriftenserie, *Ueberblick über die Abhandlungen der Koenigl. Akademie der Wissenschaften*, eine lückenlose Sammlung ganzer Jahrgänge aus der zweiten Hälfte des 19. Jahrhunderts. Eine Fundgrube. Von rastloser Erwartung getrieben stellte ich die Leiter an die Luke zum Speicher. Wir werden später darauf zurückkommen, was ich dort fand.

Zunächst aber ein paar Worte über den armen Studenten und seinen unbekannten Mäzen – bei denen es sich, nochmals, um ein einigermaßen naturgetreues Porträt von Strindberg selbst handelte, der regelmäßig pleite war, und Gustaf Eisen, der früh die Angewohnheit entwickelte, Dummheit nicht unähnlich, sein Geld verschwenderischen Freunden zu schenken. Die Transaktionen sind gut belegt.

Anfang der siebziger Jahre des 19. Jahrhunderts, wahrscheinlich länger als ein Jahr, erhielt Strindberg einen regelmäßigen Unterhalt – fünfundzwanzig Kronen im Monat – von einem zumindest anfangs unbekannten Wohltäter, der sich Alessandro Florelli nannte. Hinter diesem Pseudonym verbargen sich Eisen und der späterhin bekannte Schauspieler Georg Törnquist, der zur selben Clique gehörte. Eine Reihe von Briefen, die diese beiden wechselten, ist ebenso erhalten geblieben wie Strindbergs bescheidene Dankschreiben an Florelli und später direkt an Eisen, herzlicher formuliert, als er schließlich herausgefunden hatte, woher das Geld kam.

*

Gustaf Eisen war tatsächlich elternlos. Dieses harte Schicksal traf ihn bereits als Halbwüchsigen.

Geboren wurde er 1847 in Stockholm als Nachkömmling in einer Familie, in der sein Vater, Frans Eisen (geboren 1796), als Großhändler arbeitete und die Mutter seiner sieben Geschwister seit langem tot und beerdigt war. Sie wohnten in der Regeringsgatan und später in einem großen Haus mit der Adresse Österlånggatan 1 in der Stockholmer Altstadt, gegenüber vom Königlichen Schloss. Frans hatte ein zweites Mal geheiratet, und zwar die bedeutend jüngere Amalia Markander, die Gustaf zur Welt brachte, als die Familie sich bereits aufzulösen begann. In den Jahren um 1850 wanderten drei von Gustafs erwachsenen Halbbrüdern nach Amerika aus. Ein vierter war Seemann geworden und ging 1852 im Mittelmeer über Bord und verschwand. Er hieß Åke. Gustaf behielt ihn sein Leben lang in Erinnerung. »Mein Bruder Åke und ich hingen sehr aneinander, obwohl er dreizehn Jahre älter war als ich. In meiner letzten Erinnerung an ihn sitze ich auf seinem Schoß und habe die Arme um seinen Hals geschlungen. Das muss 1851 gewesen sein, als ich gerade einmal vier Jahre alt war.«

Die Familie stammte aus Danzig; Urahn war der Kunstschreiner Johan Jacob Eisenbletter, ein umtriebiger Bursche, der irgendwann Mitte des 18. Jahrhunderts nach Stockholm ging und dessen bauchige Rokokomöbel heute ein gewisses Aufsehen bei Auktionen erregen.

Jedenfalls hätte Gustaf wirklich einen besseren Start ins Leben erwischen können. Er lernte zwar sehr früh lesen, quälte sich jedoch mit zahlreichen Krankheiten herum. Außer ständigen Bronchialkatarrhen ereilten ihn eine Hüftgelenksluxation, eine Lebensmittelvergiftung, die Masern, Scharlach, eine Gehirnhautentzündung und so weiter und so weiter. Kurzum, er war kränklich und seine Überlebenschancen wurden als gering eingestuft. Trotzdem wurde er in der Klara-Volksschule eingeschult, die damals wegen ihrer bestialischen Prügelpädagogik berüchtigt war. Gesünder machte ihn das nicht. Er besuchte sie in den ersten beiden Schuljahren, lernte jedoch nicht viel, in erster Linie, weil er oft bettlägerig war, einmal sogar neun Monate am Stück.

Der Junge liebte seine Mutter. Der Vater soll sehr streng gewesen sein. Zum Glück gingen die Geschäfte gut, sodass die Eltern beschlossen, ihn fortzuschicken. Ein Luftwechsel, irgendetwas, alles war besser. Und konnte es irgendwo frischere Luft geben als in Visby auf der Insel Gotland? Gesagt, getan. Der Junge wurde, elf Jahre alt, in Begleitung eines Kindermädchens eingeschifft. Erst fünf Jahre später zog er nach Hause zurück, kerngesund und mit einem leidenschaftlichen Interesse an Naturwissenschaften, Archäologie und Kunst. Die Allgemeine Lehranstalt Visby scheint ein wahres Himmelreich gewesen zu sein.

Noch nie habe ich einen schwedischen Schriftsteller in einem solchen Maße seine Lehrer in höchsten Tönen loben hören, wie Eisen es in den autobiografischen Skizzen tat, die er als Neunzigjähriger verfasste, möglicherweise in der Hoffnung, dass sie irgendwer, irgendwann, auf dem Boden eines unsortierten Pappkartons in einem Bibliotheksmagazin finden würde. Man beachte, wir sprechen hier über eine ganz gewöhnliche Lehranstalt in der Provinz, kurz vor den letzten Notjahren, in denen das schwedische Volk buchstäblich hungerte.

Vier Lehrer führt er namentlich an, jeder von ihnen Anfang des 19. Jahrhunderts auf Gotland geboren.

Gustaf Lindström, der Physik und Chemie unterrichtete, war der führende Experte Schwedens für die fossile Fauna sedimentärer Gesteinsarten; ein unermüdlicher Exkursionsleiter, der in seiner Freizeit Bücher übersetzte, unter anderem Charles Lyells *Principles of Geology*. Er arbeitete zwei Jahrzehnte an der Lehranstalt in Visby, ehe er als Professor und Direktor der paläozoologischen Abteilung an das Naturhistorische Landesmuseum in Stockholm berufen wurde.

Oscar Westöö war Eisens Lehrer in Botanik. Er ging in die Geschichte ein als treibende Kraft in der Gesellschaft *Die badenden Freunde* und als Begründer des botanischen Gartens der Gesellschaft in Visby. Die Jungen liebten ihn. Während des Sommerhalbjahrs waren sie fast täglich unterwegs und botanisierten. Auch Karl Johan Bergman, der für den Unterricht in Philosophie und Geschichte verantwortlich zeichnete, erarbeitete sich mit den Jahren einen gewissen Ruf als Parlamentsabgeordneter und Literat.

Trotzdem glaube ich, dass der vierte Lehrer, P. A. Säve, die größte Bedeutung für Eisens Entwicklung zum Multitalent hatte. Wenn man sich die Summe des Lebens vor Augen führt, erscheint er einem als der Wichtigste von allen.

Per Arvid Säve (1811–1887) war einer jener glühend romantischen Kulturhistoriker, die ihr Leben der Aufgabe widmeten, prähistorische und folkloristische Dinge aller Art zu sammeln und abzubilden. Nichts war ihm fremd, wenn es nur einigermaßen alt war und von Gotland kam; Volksmärchen, Lieder, Dialekte, Ortsnamen, Handwerk, Brauchtum und landwirtschaftliche Methoden sowie natürlich Runensteine, Kirchen, Höfe und alles, was ans Tageslicht kam, wo immer ein Freibauer in der Erde wühlte, was auf Gotland bekanntlich oft geschah. Allein die Zahl der Silberschätze aus der Wikingerzeit beläuft sich mittlerweile auf mehr als 750.

Säve veröffentlichte unzählige Schriften über seine geliebte Insel. Er war des Weiteren der Mann, der die Grundlagen für die Sammlungen im Museum *Gotlands fornsal* legte, der heute größten Touristenattraktion der Insel, und als weiteren Beleg für seine ungehemmte Neugier und halb manischen Aktivitäten muss darauf hingewiesen werden, dass er, typischerweise, der Erste in unserem Land war, der sich öffentlich für den Naturschutz einsetzte. Lange hieß es, Nordenskiöld, der Polarforscher und Volksheld aus dem Eismeer, sei der Erste gewesen, aber Anfang des 20. Jahrhunderts, als die Idee eines Naturschutzes nach deutschem Vorbild Gehör zu finden begann, wurde durch einen Zufall entdeckt, dass der unvergleichliche P. A. Säve die Sache bereits 1877 propagiert hatte, und zwar in dem ebenso weitsichtigen wie rasch in Vergessenheit geratenen Pamphlet »Das letzte Paar ist raus«.

Vier Lehrer. Es gab noch einen fünften, den Eisen niemals vergessen sollte, aber den hebe ich mir noch auf. Er taucht später ohnehin auf. Außerdem hätte ich mich bei den Lehrern der Allgemeinen Lehranstalt Visby gar nicht aufgehalten, wenn ich nicht glauben würde, dass sie für dieses einsame Kind und seinen Lebensweg von entscheidender Bedeutung gewesen sind. Darüber hinaus sind sie alle, noch 150 Jahre später, bedeutende Männer, die immer noch bekannt sind.

*

Mir selbst ist von meinen Lehrern in der Mittelstufe nur wenig im Gedächtnis geblieben. Keiner von ihnen dürfte in Lexika weiterleben. Bei meinem Biologielehrer erinnere ich mich beispielsweise bloß an seinen Atem. Sicher, meine Handarbeitslehrerin war in gewissem Sinne unvergesslich, aber selbst an sie erinnere ich mich nur in Fragmenten, so unberechenbar wie Hobelspäne.

Ach ja, Werkunterricht hatten wir auch, im Sommerhalbjahr.

Unser Lehrer hieß Holzhitler.

Den Spitznamen hatte er eigentlich nicht verdient. Aber Tatsache ist, dass damals viele Werklehrer so hießen, nicht nur in Västervik, sondern in ganz Schweden, worauf mich andere Jungen bei einem Gymnastikcamp in Malmköping brachten, in das ich eines Sommers deportiert wurde, damit meine Eltern ihre Ruhe hatten. Vielleicht hießen sie ja auf der ganzen Welt so, überlegte ich. Holzhitler. Bereits im folgenden Herbst erprobte ich meine Hypothese, indem ich meine große Schwester, die Französisch studierte, um eine Übersetzung bat. Das Ergebnis war niederschmetternd. Meine Vorstellungen von Franzosen waren noch vage, aber so nannte man keinen Menschen, nicht einmal einen Werklehrer.

Ich weiß nicht, ob die Spitznamenforschung als akademisches Fach existiert, aber falls es gelehrt werden sollte, findet man hier ein lohnenswertes Betätigungsfeld. Auch dieses unbedeutende Unterholz in der unendlichen Wildnis der Sprache scheint mir nämlich den Gesetzen der Evolution zu unterliegen. Dieser Gedanke kam mir jedenfalls eines schönen Tages, als unsere eigenen Kinder von der Schule heimkamen, die auf unserer Insel ein Experimentierkasten für Heimatromantiker des Typs ist, der sich nicht selten entblödet, jeden Mangel als Geschenk darzustellen oder doch wenigstens als einmalige pädagogische Chance.

Jedenfalls wurden die Kinder zwischen den einzelnen Schäreninseln hin und her verschifft, und in diesem speziellen Jahr herrschte auf der weiter draußen gelegenen Insel Sandhamn offenbar Kindermangel. Also mussten sie an einem Tag in der Woche dorthin fahren. Außer Turnen hatten sie da draußen, am Rande des offenen Meers, Werkunterricht. Und weil das Spektakel zeitlich mit dem Krieg in Kuwait zusammenfiel, und Saddam somit das archetypisch Böse verkörperte, dauerte es nur wenige Tage, bis der unglückliche Werklehrer der Kinder auf den Spitznamen Sandhamn Hussein hörte.

Nun gut, auch Holzhitler sollte eine gewisse Bedeutung für meine seelische Entwicklung bekommen. Ich hatte in jener Nacht, in der ich endgültig beschloss, eine Glühlampe zu stehlen, einen wahrlich guten Plan erdacht, der mich mit seiner gütigen Mithilfe mit Sicherheit zum Ziel führen würde.

5

DER WEISSRÜCKENSPECHT AUF GOTSKA SANDÖN

Strindberg und Eisen hatten sich in der Klara-Volksschule kennengelernt, im Kindesalter, und als Gustaf später von Gotland zurückkehrte, wurden die beiden erneut Schulkameraden an der Höheren Lehranstalt Stockholm. Anschließend gingen sie gemeinsam nach Uppsala. Ihre Freundschaft blieb bis ins 20. Jahrhundert hinein bestehen, ein Tatbestand, der bei Strindberg wahrlich selten ist.

Noch näher stand Eisen allerdings Anton Stuxberg (1849–1902), der später an der berühmten Vega-Expedition teilnahm, bei der erstmals die gesamte Nordostpassage durchfahren wurde, anschließend wurde er Direktor des Naturhistorischen Museums von Göteborg. Er war Gotländer, aufgewachsen auf dem Hof Stux nahe Fårösund, und wurde in seinen Kindheitsjahren in Visby Eisens bester Freund. Ein fröhlicher Tausendsassa und Schlawiner, der sich früh zu Tode arbeitete; Experte für Tausendfüßler, Fische und marine Mollusken.

Ihr Debüt als Autoren gaben die beiden gemeinsam, 1868, mit den *Beiträgen zum Wissen über Gotska Sandön.* Es ist die allererste Abhandlung über diese schwer zu erreichende Insel aus nichts als Sand und schwarzgrünem Wald weit jenseits des Horizonts, mitten in der Ostsee. Die Schrift war das Ergebnis einer Expedition im Frühsommer, als Eisen gerade einmal neunzehn und Stuxberg achtzehn Jahre alt war. Gleichwohl wurde sie von der Königlichen Akademie der Wissenschaften veröffentlicht. Jetzt wurde es ernst.

*

Eine Insel. Isoliert und geheimnisvoll. Es war kein Zufall, dass sie beschlossen, die Gotska Sandön jenseits des Horizonts im Norden zu erforschen. Die ganze Insel war ein Abenteuer. Aber vor allem war sie unerforscht. Den erhalten gebliebenen Briefen Eisens lässt sich entnehmen, dass der Ausflug bereits im Herbst 1865 zur Sprache kam, als Anton erst sechzehn war. Eisen schrieb seinem Freund in Visby, erzählte ihm von seinem Plan und erkundigte sich: »Hat Stuxberg Darwins Hypothese studiert?«

Die Antwortbriefe sind verloren gegangen, sie verschwanden beim Erdbeben, aber es lässt sich dennoch zum einen vermuten, dass Stuxberg seinen Darwin beherrschte, zum anderen, dass er etwas pikiert war, weil er mit seinem Nachnamen angesprochen wurde. Immerhin waren sie alte Schulkameraden. Da konnte man doch Du sagen? Oder etwa nicht?

So kommt es denn auch, binnen kürzester Zeit. Nach kaum mehr als einem halben Jahr ist der Ton in ihren Briefen sehr vertraulich, zuweilen schmerzhaft offenherzig geworden. Sehnsucht, Angst, Träume.

Weniger als eine Woche nach dem Tod seines Vaters im Mai 1866 spricht Eisen darüber, wie inniglich froh er ist, einen Menschen zu haben, dem er sich anvertrauen kann, und ein ums andere Mal wird er Stuxberg in späteren Jahren anflehen, diese insgesamt 179 Briefe zu verbrennen, von denen der letzte aus dem Jahre 1881 stammt. Aber Stuxberg bewahrt sie trotzdem auf, obwohl der Inhalt zum Teil heikel ist und er selbst nicht immer in gutem Licht dasteht. Manchmal fallen harte Worte, über Betrug und verratene Freundschaft.

»Solltest Du ihn eines Tages ermordet auffinden, dann geh zu den Behörden und zeige mich an.« Diese Worte wurden an einem frühen Morgen im November 1871 geschrieben, als beide in Uppsala studierten, und beziehen sich auf einen anderen Kommilitonen, mit dem Stuxberg offenbar lieber seine Zeit verbrachte. Er zechte damals bereits fleißig. Eisen versuchte ihn zu schützen, ihn zu retten, und sich selbst sicher auch, denn die Einsamkeit muss ihm sehr zugesetzt haben. Er meckert gelegentlich wie ein besorgter Vater über das Studium und Stuxbergs aufgeschobenes Examen, verzeiht ihm aber dennoch alles. An Geld fehlt es ihm nicht, er lässt es seinem Freund herzlich gerne zukommen.

Einsam und fleißig und ausgestattet mit einem Erbe zum Verschleudern; Eisen wird eine Art Mäzen, ein älterer Onkel, der Verantwortung für einen missratenen Jüngling übernimmt – der wie gesagt nur zwei Jahre jünger ist, so alt wie Strindberg, der übrigens ebenfalls hier und da in diesen Briefen auftaucht. Sie werden in der Göteborger Universitätsbibliothek aufbewahrt. Ich habe sie alle gelesen. Allerdings bin ich niemand, der ohne Not Klatsch und Tratsch verbreitet. Stuxberg hätte diese Briefe wirklich verbrennen sollen.

Jedenfalls zeichnen sie ein schönes Bild von zwei Jungen, die auf dem Sprung in die Welt der wissenschaftlichen Entdeckungen sind. Sie tauschen sich über ihre Sammlungen aus, anfangs Vogeleier und Muscheln und lebende Tiere in Salzwasseraquarien, aber schon bald spezialisieren sie sich, Eisen auf Regenwürmer und Stuxberg auf Tausendfüßler. Sie sind noch Gymnasiasten, als sie zur Mittsommerzeit 1867 nach Gotska Sandön aufbrechen. Und wäre Gustafs Mutter nicht so kränklich gewesen, könnte ich schwören, dass das Leben ein Fest war. Biologische Feldstudien haben zu allen Zeiten einen großartigen Deckmantel für alles Mögliche abgegeben. Einige gleichsam fiebrig intensive Jahre war Anton Stuxberg Gustaf Eisens allerbester Freund.

*

Ich hatte in meiner Jugend selbst einen solchen sehr engen Freund. Thorbjörn Stärner (1958–1994). Er ruhe in Frieden.

Als meine Mutter mich an einem schwülheißen Hochsommertag auf der Insel anrief und mir erzählte, dass Thorbjörn tot war – ein banaler Autounfall –, brach meine ganze Welt zusammen. Das erstaunte mich im ersten Moment, denn in den letzten Jahren hatten wir nur noch sporadisch Kontakt gehalten. Wir hatten Familien gegründet und Kinder bekommen. Das Schicksal hatte uns in verschiedene Richtungen geführt.

Erst als er fort war, begriff ich das volle Ausmaß unserer Freundschaft. Es war der traurigste Tag in meinem Leben. Während der drei Jahre, die wir in Västervik aufs Gymnasium gingen, gab es nichts, was uns hätte trennen können. Nichts. Wir machten alles zusammen. Wir angelten, fotografierten Vögel, spielten Gitarre und feierten, fingen Nachtschwärmer und flirteten natürlich auch mit Mädchen. Und wir reisten, in die Camargue und nach Griechenland, Spanien, Polen, überallhin, und die ganze Zeit, was immer wir taten, redeten und redeten wir, ununterbrochen, über das Leben.

Ein ungleiches Paar, jedenfalls dem Anschein nach. Thorbjörn war zwei Meter groß und hatte mit fehlendem Selbstvertrauen zu kämpfen; ich war ein Knirps und stand in dem Ruf, hochnäsig und ziemlich anstrengend zu sein. Ich erinnere mich an die Nächte, in denen wir bis zum Morgengrauen in meinem Zimmer saßen und über genau dieses Thema sprachen – was die Veranlagung eines Menschen formt, und was man selber steuern und entwickeln kann.

Was haben wir uns gestritten! Meine Linie lautete, alles ist möglich. Da irrst du dich, war seine. Aber wir vertrugen uns immer wieder und brachen am nächsten Tag zu neuen Abenteuern auf. Und nun saß ich alleine an meinem Schreibtisch in unserem Haus auf der Insel, zur Wand gedreht, und weinte. Untröstlich.

Plötzlich hörte ich die tapsenden Schritte von

Kinderfüßen. Ich drehte mich um und begegnete dem Blick unseres ältesten Sohns, der damals sieben war. Im Schlepptau hatte er seine kleine Schwester. Er streckte, zögerlich, seine geschlossene Hand aus, öffnete sie dann langsam und sagte:

»Guck mal, Papa, was wir gefunden haben.«

In seiner Hand lag ein Käfer, der blutrote Schnellkäfer *Ampedus sanguineus*, einer der schönsten, die es gibt. Die Kinder hatten mich noch nie weinen sehen. Die Stimmung in unserem Haus war an jenem Tag bedrückt und düster, also hatten sie sich von mir ferngehalten. Am Ende wurde es dann aber doch zu viel. Ihre Sorge ließ sie zu einem morschen Baumstumpf rennen, wo sie einen Käfer auftrieben. Und jetzt standen sie mit scheuem Staunen in ihren großen, runden Augen vor mir.

»Du darfst ihn haben.«

»Papa, freust du dich jetzt ein bisschen?«

Noch heute breche ich manchmal in Tränen aus, wenn ich einen *Ampedus sanguineus* sehe – ob nun aus Trauer oder vor Glück weiß ich nicht recht, eine Mischung aus beidem vermutlich. Aber die Art ist auf unserer Insel, wo es eine Vielzahl großer Kiefernbaumstümpfe und andere Hölzer in unterschiedlichsten Stadien eines sachten Verfalls gibt, glücklicherweise häufig anzutreffen. Von Holz lebende Schnellkäfer sind interessante Tiere.

*

Beiträge zum Wissen über Gotska Sandön ist ein Gesellenstück, nichts wirklich Besonderes, in seiner halbtrockenen Altklugheit aber doch irgendwie charmant: »Dass unsere Sammlungen und Aufzeichnungen unvollständig sind, wissen wir durchaus; dessen ungeachtet erlauben wir uns, sie hier mitzuteilen, zum einen, um die Grundlagen für zukünftige Untersuchungen zu legen, zum anderen, damit unser Material nicht gänzlich ungenutzt verbleiben möge.«

Nach allen Regeln der Kunst beginnen sie ihre Abhandlung mit einem Panoramagemälde, einer allgemeinen Beschreibung von Geologie, Klima und Naturverhältnissen der Insel. Ich streunte selbst einen Sommer lang auf Sandön herum, und obwohl dies lange her ist, erkannte ich alles wieder. Nur auf Wrackteile untergegangener Schiffe – »in einer wahrhaft chaotischen Verwirrung an Land getrieben« – stieß man zu ihrer Zeit häufiger als zu meiner. Die monotone Wildnis des Kiefernwalds war mir sehr vertraut, genau wie die wandernden Sanddünen und die Wäldchen mit Haselsträuchern im Riesenformat und die Eiben. Horcht man aufmerksam zwischen den Zeilen, hört man tatsächlich den Ziegenmelker im Inselinneren singen und den Mulmbock in der Abenddämmerung brummend um den Leuchtturm fliegen.

Das sind Dinge, die man nicht vergisst.

In den hellen Nächten tanzen die Ameisenjungfern über dem Sand.

Nun ja, die Artenlisten, die eigentliche Partitur, sind in Veröffentlichungen dieser Art am ehesten von bleibendem Wert. Fauna und Flora spiegeln alles wider, was geschieht. So erinnerte man sich in den sechziger Jahren des 19. Jahrhunderts noch an die Rentiere, die es, eingeführt von einem optimistischen Siedler, lange Zeit auf Gotska Sandön gab. Leuchtturmwärter Sidén erzählte den jungen Männern, wie und wann das letzte Rentier geschossen wurde. Es darf trotzdem in der Artenliste auftauchen. Immerhin beschäftigen sie sich mit Naturgeschichte.

Alles, was sie hören und sehen, wird verzeichnet. Sie finden gerade mal 150 verschiedene Pflanzenarten, was in ihren Augen viele sind, weisen aber gleichzeitig darauf hin, dass diese Zahl vermutlich nur halb so groß ausgefallen wäre, wenn die Insel keine Bewohner gehabt hätte. Kleine Brennnessel, Echtes Labkraut, Färberkamille, Wermut und jede Menge anderer Pflanzen fanden sie nur rund um den damals bereits verlassenen Hof im Südwesten – Der Neuhof – und zweifellos waren all diese Gewächse durch Anpflanzung auf die Insel gekommen und daraufhin geblieben. Ursprünglich dürften sie kaum gewesen sein.

Letztlich ist dies jedoch kein Grund zur Besorgnis, jedenfalls nicht, so wie man die Sache damals betrachtete. Im Gegenteil. Flora und Fauna wurden durch die Einwanderung immerhin vielfältiger. Das ist eigentlich schon alles. Ich will nicht leugnen, dass fremde Arten gelegentlich auch Schaden anrichten können, aber viel öfter sind sie ein Grund zur Freude und allein deshalb schon nützlich, und sei es auch nur, indem sie die Landschaft verschönern. Ich möchte mich nicht weiter in dieses Thema vertiefen.

Ansonsten könnte man sich auf der Basis von Eisens und Stuxbergs zweitem Buch, *Gotlands Phanero-*

game und Thallophyten, mit Fundorten für die selteneren (1869), ausführlich und gut über das Thema unterhalten, aber wir wollten uns ja vor Genauigkeit hüten. Es lässt sich immerhin sagen, dass ihr Buch ein sehr detailliertes Verzeichnis sämtlicher 957 Pflanzenarten ist, die damals auf Gotland bekannt waren. Knopfologie natürlich, aber auch eine Karte in lateinischer Sprache, auf der sich die Kindheit dieser Jungen nachvollziehen lässt. Mit Sicherheit hunderte Exkursionen mit einer Botanisiertrommel und in kurzen Hosen; ein Konzentrat, an dem man fast erstickt, das sich jedoch mit fünf Teilen Fantasie und eigenen Erinnerungen gut verdünnen lässt.

Wir wollen zu ihrem Erstling über Gotska Sandön zurückkehren.

Auch wenn eine Artenliste viel über einen Ort aussagt, so erzählt sie doch manchmal noch mehr über die Autoren in ihrem knittrigen Zelt zwischen den Kiefern. Auf Sandön waren die jungen Burschen nämlich auf mehr aus als bloß Pflanzen; die reichhaltige Präsentation von Tausendfüßlern, Regenwürmern und Mollusken zeugt vielmehr davon, dass sie bereits die Zukunft im Visier hatten. Und darüber hinaus gibt es auch anderes Interessantes. Zwei ihrer Funde im Sommer 1867 sind später immer wieder aufgegriffen worden.

Am bekanntesten ist der Weißrückenspecht. Sie geben die Art als selten an, aber da seither kein Mensch auch nur den Hauch eines Weißrückens auf der Insel erblickt hat, ist diese Beobachtung angezweifelt worden. Wie traurig. Eisen und Stuxberg sind als Ornithologen wegen eines Vogels in Erinnerung geblieben, von dem man annimmt, dass sie ihn falsch bestimmt haben. Kenner murren ungläubig und meinen, die beiden hätten wahrscheinlich einen Buntspecht gesehen, der da draußen häufig vorkommt und nichts ist, was man an die große Glocke hängt. Drei Umstände deuten jedoch darauf hin, dass sie sich nicht versehen haben.

Erstens nehmen sie auch den Buntspecht in ihre Artenliste auf, gefolgt von dem Kommentar, dass die Art häufig anzutreffen ist. »Höchst allgemein.« An Vergleichsmaterial mangelte es ihnen also nicht und der Unterschied zwischen den beiden Vogelarten ist groß genug, um von jedem, der Augen im Kopf hat, auch ohne Fernglas bemerkt zu werden. Zweitens war der Weißrückenspecht damals nachweislich häufiger anzutreffen, ähnlich der Blauracke, die übrigens auch eine Art ist, die man in ihrer Liste mit der gleichen Bewertung wiederfindet. »Selten.« Letztgenannter Vogel ist heute aus ungeklärten Gründen ganz aus Schweden verschwunden und der Weißrückenspecht scheint seinem Beispiel zu folgen. Man gibt in der Regel der Waldwirtschaft die Schuld, was sicher nur zum Teil stimmt.

Das dritte Glied der Indizienkette betrifft die Wanderungen dieser Art. Wie alle Vogelkenner wissen, sollte man Weißrückenspechte in üppigen wildwüchsigen Wäldern mit alten Espen und Salweiden und edlen Laubbäumen suchen. Knochentrockene Kiefernwälder auf Sand sind die völlig falsche Umgebung. So weit, so gut. Aber gleichzeitig gehört der Weißrückenspecht zu jenen Arten, die sich gelegentlich in großen Scharen auf Streifzüge begeben. So kam im Herbst 2008 eine solche Einwanderungswelle aus dem Osten, über Finnland. Und einzelne Exemplare landen dann, unweigerlich, auf den Inseln.

Und deshalb wollen wir hier abschließend festhalten, dass Eisen und Stuxberg einen Weißrückenspecht sahen, das erste und bisher einzige Exemplar auf Gotska Sandön. Einzig Missgunst kann jemanden veranlassen, dies zu bezweifeln.

Darüber hinaus kann kein vernünftiger Mensch Eisens und Stuxbergs mit Abstand vornehmsten Fund in Frage stellen, in ihrer Liste ohne großes Aufheben in der Abteilung »Diptera« notiert. Eine Fliegenlarve. Es gelang ihnen, eine Schwebfliegenlarve zu bestimmen. »*Microdon apiformis* De Geer. Selten, unter der Rinde von Laubbäumen.« Man begreift, dass die Zukunft diesen jungen Männern weit offenstand.

Zur Schwebfliegengattung *Microdon* gehören nämlich eigentümliche, schwer zu findende Arten, deren Larven, die unter der Rinde von Bäumen oder im Erdreich als Parasiten von Ameisen leben, aussehen wie wandelnde Hemdknöpfe oder winzig kleine Schildkröten. Nicht einmal Linné wusste, was er sah, als einer seiner Gehilfen mit einer solchen Larve in der Hand angerannt kam. Fehlanzeige, keine Reaktion. Er erkannte definitiv nicht, dass es sich um Fliegenlarven beziehungsweise überhaupt um Larven handelte. Deshalb riet er blind ins Blaue hinein und beschrieb das Getier als eine völlig neue Art, enger verwandt mit Schnecken als mit Insekten. Vielleicht hatte er auch nur einen schlechten Tag. Obwohl man sagen muss: *Microdon*-Larven sind wirklich mit nichts anderem vergleichbar.

Aber die beiden Jungen auf Gotska Sandön, die wussten, was sie gefunden hatten. Das ist großartig. Außerdem erinnert es mich an eine ganz andere Geschichte, die noch auf ihr Ende wartet.

6

MITTEILUNGEN AUS DEM CALLICERACLUB

Es gab da etwas, was ich verstehen und dann erzählen wollte, wenn auch nicht unbedingt in dieser Reihenfolge.

Ja, so war es.

Manchmal war ich ganz nahe dran, aber wenn die Sache gerade in Reichweite zu sein schien, entwischte sie mir wieder. Ich sah gleichsam nur von fern ihre flatternden Rockschöße eilig hinter einer Straßenecke verschwinden. Bei anderen Gelegenheiten fand ich, dass die Frage, was begriffen werden sollte und warum, in gewisser Weise überflüssig wirkte. Wichtig war vielmehr, eine vielversprechende Spur zu erkennen und ihr anschließend zu folgen, um zu schauen, was dabei herauskommen würde.

Meine erste Spurensuche ging von der Überzeugung aus, dass vieles in unserer Welt unverständlich ist, man aber dennoch einen Sinn finden kann, wenn es einem nur gelingt, die Suche einzugrenzen, beispielsweise, indem man sich auf einer Insel im Meer niederlässt und Fliegen sammelt, Schwebfliegen. Die Expedition führte zu einer Vielzahl bereichernder Fundstücke, das will ich nicht leugnen, aber gleichzeitig muss ich gestehen, dass etwas aus dem Ruder lief, als mich die Einsamkeit in die Arme René Malaises (1892–1978) trieb, des Mannes, der einer Fliegenfalle den Namen gab.

Persönlich begegnet war ich ihm zwar nie, aber er wurde trotzdem mein Reisegefährte und amüsierte mich in vielen denkwürdigen Nächten mit Geschichten aus seiner Jugendzeit, in der er Hautflügler erforschte und sich in der Ödnis Kamtschatkas von in Erdlöchern gebratenen Bären ernährte. Die Erdbeben zerstörten alles, außer ihm. Ich verliebte mich ein wenig, in etwa so, wie man sich in sein eigenes Spiegelbild verlieben kann, wenn man entweder nicht so genau hinsieht, oder zu lange.

Malaise war einfach nicht zu bremsen. Seine Abenteuer wurden immer eigenartiger, und als er sich später, schon ein älterer Mann, im Mythos von Atlantis, der versunkenen Insel, verirrte und zur gleichen Zeit die Insekten aufgab, um stattdessen ältere Kunst von geringem Wert zu sammeln, hieß es: Gehe zurück auf Los.

In meinem Besitz befindet sich noch immer das Gemälde von Rembrandt (zumindest war René dieser Überzeugung), das bei einem Einbruch in Malaises Haus auf Lidingö gestohlen wurde. Es hängt in meinem Arbeitszimmer; ein kleineres Porträt eines älteren Mannes. Jeden Morgen empfängt er mich mit dem gleichen skeptischen Blick und überwacht anschließend gemessen all meine Aktivitäten, solange ich an meinem Schreibtisch sitze. Sein Repertoire ist äußerst begrenzt. Wenigstens gibt er mir keine Widerworte.

Danach beschloss ich, zu meinem alten Traum von einer Naturgeschichte der Sommernacht zurückzukehren. Wenn ich das, wonach ich suchte, dort nicht fand, würde ich es wohl nie finden. Da war ich mir sicher. Allerdings nur für kurze Zeit. Das Gefühl verflog wie eine dieser zerbrechlichen Wahrheiten, die kurz vor dem Einschlafen zuweilen aufblitzen, und die einem am nächsten Morgen, wenn man den im Halbschlaf geschriebenen Merkzettel liest, bestenfalls so hohl und banal wie ein Schlager vorkommen.

Eine düstere Grübelei über die Kürze und Nichtigkeit des Lebens ließ mich in Gesellschaft des zu Recht vergessenen Aquarellmalers Gunnar Widforss (1879–1934) auf ein Nebengleis abbiegen. Eine teilweise pathetische und lange Zeit gescheiterte Gestalt. Aber freundlich und aufrichtig, auch großzügig. Was kann man von einem Reisegefährten mehr erwarten? Außerdem wurde er, als Künstler, immer besser. Als er in Arizona starb, waren die USA längst zu seinem Heimatland geworden und seine Karriere als Nationalparkmaler war wirklich nicht zu verachten, trotz der Armut der Depressionszeit oder vielleicht auch gerade wegen ihr. Eine Erhebung im Grand Canyon wurde nach ihm benannt. Widforss Point. Also reiste ich hin und genoss eine Weile die Aussicht.

Gunnar war auf der Flucht gewesen, davon war ich fest überzeugt, aber es gelang mir niemals aufzuklären, wovor. Wir passten zueinander. Mir ging es damals auch nicht so gut. Aber ich erholte mich wieder, war dafür jedoch wieder allein, auf der Jagd.

*

Meine Fliegensammlung war inzwischen nahezu vollständig. Zunehmend lustlos verbrachte ich meine Sommer damit, Schwebfliegen zu sammeln, die ich ohnehin schon besaß; langsam, aber sicher füllten sich meine Schubladen mit langen Reihen selbst der seltensten Arten. Da ich nur auf unserer Insel sammelte, war dies vermutlich nicht anders zu erwarten gewesen. Keine Sensationen. Meine große Malaise-Falle war einem Sturm zum Opfer gefallen, sodass ich mittlerweile ausschließlich einen Kescher und den Exhaustor benutzte, die praktische Sauganordnung. Zum Ende hin ließ ich sogar den Kescher zu Hause, was zumindest teilweise daran lag, dass ich meine Technik mit dem Saugrohr zu diesem Zeitpunkt, wie ich zu behaupten wage, perfektioniert hatte. Ich hatte gelernt, dass mein Erfolg von der Fußarbeit abhing.

Das Prinzip ist, vollkommen still zu stehen und zu warten, was mir noch nie Probleme bereitet hat. Weiterhin ist es äußerst wichtig, sich so zu stellen, dass kein Schatten auf die Blumen fällt, auf denen sich die Fliegen aufhalten, aber dennoch nahe genug zu sein, um durch bloßes, unendlich langsames Vorbeugen den Plastikschlauch des Exhaustors so nahe heranmanövrieren zu können, dass ein kurzes Einatmen durch den Schlauch die begehrte Fliege im Fiberglaszylinder verschwinden lässt. Bedauerlicherweise verliert man dabei sehr leicht das Gleichgewicht, insbesondere angesichts der Aussicht, eine Rarität zu fangen, und der ganzen damit verbundenen Aufregung. Gerät man in dieser Situation nur ein kleines bisschen ins Wanken und muss in der

Vegetation einen Ausfallschritt machen, ist das Spiel in neun von zehn Fällen aus. Die Fliege wittert Unrat und verschwindet.

Doch das alles hatte ich, wie gesagt, inzwischen gelernt. Ich nahm eine ähnliche Position ein wie ein Läufer an der Startlinie zu einem Mittelstreckenrennen.

Natürlich gab es immer noch denkwürdige Momente. So gelang es mir an einem Tag im Mai, als die Ahornbäume blühten, ein Exemplar von *Heringia verrucula* anzusaugen, ein zwar kleines, schwarzes Ding, das vielen anderen ähnelt, sich aber schon bald als Neuheit in unserem Land herausstellte, ansonsten nur aus Finnland bekannt; meinen Ruf in der Schwebfliegengesellschaft verbesserte dies ungemein.

Aber im Großen und Ganzen war der Spaß vorbei. Vielleicht, überlegte ich, wird es langsam Zeit, sich nach etwas anderem umzusehen. Ich wäre jedenfalls nicht der Erste gewesen, der aufgab.

Schon zu Beginn meiner Sammlerkarriere hatte ich anderthalb Regalmeter Bestimmungstabellen und mit ihnen verwandte Bücher von einem Fliegenkenner erworben, der die Lust verloren und stattdessen beschlossen hatte, all seine Energie der Übersetzung albanischer Dramen und Gedichte zu widmen. Seine Entscheidung erschien mir damals unverständlich, nicht weil ich Anton Pashku und andere Autoren des westlichen Balkans geringgeschätzt hätte, die nun in schwedischer Sprache gelesen werden konnten, sondern weil der fragliche Entomologe einer der besten war, einer der wirklichen Kenner – der auf dem Zenit seiner Laufbahn sogar seine Adresse ändern ließ und das Haus, in dem er wohnte, *Villa hottentotta* taufte, benannt nach der gleichnamigen Schwebfliege.

Ich habe mich oft gefragt, was der Briefträger wohl dachte und die Nachbarn, aber noch öfter, was eigentlich in Linné gefahren war, als er sich diesen merkwürdigen Namen ausdachte. Zur gleichen Familie gehört übrigens auch, falls es jemanden interessieren sollte, die mysteriöse Art *Villa occulta*, deren Vorkommen in nordschwedischen Torfmooren kürzlich berechtigte Aufmerksamkeit erregte, wenn auch nur im kleinen Kreis.

Wie auch immer, in dieser wehmütigen Gemütsverfassung vertrieb ich mir die Zeit. Einmal saß ich vier Tage am Stück neben einem Fichtenbaumstumpf mitten auf einem Kahlschlag, nur um die unansehnliche *Brachyopa testacea* anzusaugen, die in meiner Sammlung peinlicherweise noch fehlte. Am Ende tauchte sie natürlich auf, aber meine Freude darüber kannte dennoch Grenzen. Irgendetwas war verloren gegangen.

Dann plötzlich, eines Morgens unter klarem Himmel, hatte ich schließlich guten Grund, mich der Worte meines Großvaters in allen schwierigen Lebenslagen zu entsinnen. »Während das Böse herrscht, entsteht das Gute.«

Wir waren an einem Samstag Anfang Juli zu einem Mittagessen eingeladen gewesen, also mitten in der Zeit des Jahres, in der sich die Sommerhäuser unserer Insel mit Menschen füllen, die mit wenigen Ausnahmen auf Vergnügungen aller Art aus sind. Ein Fest jagt das nächste, und in diesem Fall war das gastgebende Ehepaar, das den schönsten Garten der

Insel besitzt, weithin bekannt für seine hervorragenden Kochkünste und sein Wissen über edle Weine. Ihre Essen genossen einen legendären Ruf. Sie begannen in der Regel ganz konventionell gegen ein Uhr, gingen dann aber nicht selten bis Mitternacht weiter und endeten mit ruhigen Tänzen, verträumt taumelnd und begleitet vom murmelnden Wasser des Springbrunnens in einem speziell zu diesem Zweck errichteten Lusthaus hinter der Rosenpergola des paradiesischen Gartens.

Die Veranstaltung jenes Jahres bildete keine Ausnahme.

Am nächsten Morgen war ich deshalb in einem bedauernswerten Zustand. Und wie immer, wenn ich den Vorabend damit beendet habe, den Unterschied zwischen unterschiedlichen Calvadossen verschiedener Jahrgänge und Erzeuger herauszuschmecken, erwachte ich sehr früh und gleichsam gehetzt von der Forderung, etwas wiedergutzumachen, was auch immer. Die Sonne stand bereits hoch, sodass ich mich zu einem Spaziergang entschloss.

Es war so gegen acht, als ich an jenem Bestand blühender Geißfußpflanzen vorbeikam, neben dem ich im Laufe der Jahre so viele glückliche Stunden verlebt hatte. Ein kleines Fleckchen Erde bloß, vielleicht fünfzig Quadratmeter, am Waldrand. Nirgendwo sonst hatte ich so viele Raritäten gefangen wie dort. *Spilomyia, Doros, Microdon, Chrysotoxum.* Das Gras war noch feucht vom nächtlichen Tau, aber die Sonne hatte die Blumen erreicht und so dachte ich wie üblich, ich bleibe einfach mal stehen. Den Exhaustor hatte ich dabei. Den Fliegenrespirator, wie meine Kinder immer sagten. Ich hatte starke Kopfschmerzen, die aber im nächsten Moment verschwinden sollten, denn plötzlich war sie einfach da, eine gute Armlänge entfernt. Eine *Callicera*!

*

Unter den Schwebfliegen der ganzen Welt gehören die schönsten, seltensten und rätselhaftesten zur Familie Callicera. Große Tiere, scheu, metallisch glänzend wie byzantinische Bronzeamulette. Es ist oft gesagt worden, aber es kann nicht schaden, es noch einmal zu wiederholen: Selbst der beharrlichste aller Sammler benötigt eine gute Portion Glück, um im Laufe seines Lebens auch nur ein einziges Exemplar zu sehen. So unberechenbar ist ihr Auftreten.

Bis jetzt weiß man von sechs Arten in Europa, ausnahmslos Raritäten, und von diesen gibt es in Schweden wenigstens zwei, *aurata* und *aenea*. Das Ganze ist ein wenig undurchsichtig, aber die Wissenschaft hat sich inzwischen auf den Standpunkt geeinigt, dass die Larven sich in mehr oder weniger feuchten Fäulnislöchern in uralten Bäumen entwickeln, meistens Eichen und Buchen, noch dazu oftmals in größerer Höhe. In England, wo die Entomologen keine Mühe gescheut haben, um Licht in die Biologie dieser Fliegen zu bringen, fand man schon vor zwei Jahrzehnten die Larve einer *Callicera aurata* in einem kleinen Loch achtzehn Meter über dem Erdboden, in einer majestätischen Buche.

Eine andere britische Art *(C. spinolae)* scheint in ähnlichen Verhältnissen zu leben, und weil man davon ausgeht, dass sie heute auf den Inseln ausgestorben ist, außer in zwei Buchen in einem Park nahe Cambridge, sind diese Gegenstand geradezu rührender Fürsorglichkeit. Als beispielsweise die eine Buche 1995 in einem Wintersturm umgeweht wurde, rückten die Fliegenfreunde aus und richteten den Baum mit Stützen wieder auf. Ein kultiviertes Volk, diese Engländer.

*

Da stand ich nun, verkatert und wie gelähmt. Das große Juwel spazierte unbekümmert in einer der sahneweißen Geißfußdolden umher. Mein Gehirn taxierte automatisch die Entfernung. Sie war grenzwertig, aber der Fang erschien machbar. Ich hielt die Luft an und hob langsam, ganz langsam den Exhaustorschlauch zum Mund.

Ich muss noch erwähnen, dass einer meiner engen Fliegenfreunde mir nur wenige Wochen zuvor mitgeteilt hatte, dass es ihm, als Erstem überhaupt im südschwedischen Schonen, gelungen war, ein Exemplar von *Callicera aenea* zu erbeuten. Seine Beschreibung des Ereignisses war sehr ausführlich, detailliert und heiter wie eine Bauernmalerei gewesen und wahrscheinlich nur zu dem Zweck komponiert worden, mich zu ärgern. »Es wurde später Nachmittag an diesem warmen Junitag. Am Waldrand, wo ich mich kurzzeitig platziert hatte, war es mir vergönnt, die angenehme Sonnenwärme im Rücken zu spüren.« Mit diesen Worten beginnt sein Artikel über den Fund, veröffentlicht in der Zeitschrift *Fa-*

Zett, deren seltsamer Name der Versuch eines Wortspiels ist, das zum einen auf die Facettenaugen von Insekten, zum anderen auf die heute abwesenden Kameraden Karl Fredrik Fallén (1764–1830) und Johan Wilhelm Zetterstedt (1785–1874) anspielt, beides berühmte Entomologen.

Mein Freund hatte neben einem blühenden Schneeballstrauch vor den Toren Hässleholms Posten bezogen. Allein in der einleitenden, halb belanglosen Plauderei erwähnte er gut zwei Dutzend Arten, die sich in den duftenden Blüten des Strauchs tummelten; Goldwespen, Sandbienen, Schnaken und nicht zuletzt Schwebfliegen, unter anderem *Xylota abiens* und *Criorhina berberina*. Ausführlich und beredt gratulierte er sich selbst dazu, diesen fantastischen Strauch gefunden zu haben.

»Über dies und anderes nachsinnend stand ich dort, als plötzlich eine große, dunkle Fliege im schnellen Flug vom Himmel herabstürzte.« Im Bruchteil einer Sekunde erkennt unser Autor, dass er einem Geschöpf gegenübersteht, das er noch nie gesehen hat.

> »Die eigentümlich langen Fühler erregten augenblicklich meine Aufmerksamkeit und als die weißen Spitzen der Fühler unmittelbar darauf in der sinkenden Sonne aufleuchteten, machte mein Herz vor Aufregung einen Satz. Starr und angespannt musterte ich das Wesen. Vor mir saß – natürlich außer Reichweite – eines jener Fabeltiere, von den ich viele Male gelesen und andere neidvoll hatte erzählen hören, ohne jedoch bisher das Privileg genießen zu dürfen, sie selbst lebendig in Augenschein zu nehmen. Eine *Callicera*.«

Danach droht der Artikel völlig aus dem Ruder zu laufen, ehe er am Ende gerettet wird und auf dem festen Boden der harten wissenschaftlichen Tatsachen an Klarheit gewinnt. Die Beschreibung des eigentlichen Fangaugenblicks – ein »Panthersprung« mit hoch erhobenem Kescher – erweckt jedenfalls den Eindruck der Dramatisierung, genau wie das freudige »Indianergeheul«, das in der nächsten Sekunde über der Niederung erschallt sein soll.

Dass er die Fliege bekam, ist jedoch unumstritten. Sie ist in Farbe abgebildet und wird von einer Verbreitungskarte flankiert, auf der die bis dahin acht bekannten Funde in Skandinavien eingezeichnet sind. Sogar der Strauch ist abgebildet. Die Literaturliste ist lang und Vertrauen erweckend, und am Ende, in den Danksagungen, die das Genre verlangt, werden einige Worte des Danks an die Gemeinde Hässleholm gerichtet.

Tja, und nun war ich an der Reihe. Mit dem Kescher wäre die Sache schnell erledigt gewesen, aber der war zu Hause, sodass ich mich auf den Exhaustor und meine Erfahrung verlassen musste. Sämtliche Arten der Gattung *Callicera* sind für ihre Schnelligkeit bekannt. Sie konnte jeden Moment verschwinden, erkannte ich und darüber hinaus, dass ich dann höchstwahrscheinlich mein Leben lang würde suchen müssen, vermutlich ohne sie jemals wiederzusehen.

Das Schauspiel begann. Jegliches Denken wurde heruntergefahren – und dann beugte ich mich in einer gleitenden Bewegung, unendlich langsam, zu der Blüte vor, während ich gleichzeitig den Arm so weit ausstreckte, wie der Schlauch es zuließ. Die Fliege blieb sitzen. Einen halben Meter entfernt, vierzig Zentimeter, dreißig, zwanzig.

Als das Plastikröhrchen schließlich nur noch wenige Zentimeter schräg hinter der Fliege war, wagte ich es nicht, noch länger zu warten, sondern saugte, so fest ich konnte. Und spürte sofort: Etwas hakte. Nicht, dass die Fliege entkommen wäre. Nicht doch. So, wie ich mich mühte, hatte sie keine Chance. Sie war nur unglücklicherweise zu groß. Der Eingangsdurchmesser meines Exhaustors beträgt sieben Millimeter, was für die größten Schwebfliegen extrem klein ist, selbst wenn es einem gelingen sollte, sie mit dem Kopf zuerst ins Röhrchen zu bekommen. Wenn sie quer liegen, wie in diesem Fall, passiert nicht viel mehr, als dass man sie bestenfalls auf dem Röhrchen festsaugt wie einen Stopfen. Sobald der Unterdruck nachlässt, fliegen sie davon. Das ist mir mehrfach passiert.

Ich begann nun das längste Einatmen meines Lebens – nie und nimmer hätte ich mir ein solches Lungenvolumen zugetraut –, während ich fieberhaft verschiedene Möglichkeiten abwägte. Es passierte nichts. Andererseits saß die Fliege so, dass die Luftpassage fast völlig verschlossen war, wodurch ich lange genug weitermachen konnte, um mich an Fritiof Nilsson Piratens Beschreibung eines Mannes zu erinnern, der so unglaublich dick war, dass man zu vermuten geneigt war, er atme nur ein, nie aus.

Die Sonne schien.

Die Mauersegler riefen.

Auf der Straße lief ein Jogger vorbei.

Es endete damit, dass ich die Fliege schlichtweg in die Hand nehmen und richtig drehen musste, sodass sie schließlich mit einem Geräusch in das Röhrchen passte, als wäre sie eine Erbse in einem Blasrohr. Endlich konnte ich ausatmen.

Die Bestimmung der Art bereitete mir keinerlei Schwierigkeiten. *Callicera aurata*, der nördlichste Fund aller Zeiten in Schweden und der erste in der Region Uppland.

Es wäre vielleicht zu viel gesagt, dass mein Leben eine völlig neue Wende nahm, aber mir erschien auf einen Schlag alles viel einfacher. Nicht genug damit, dass meine Kopfschmerzen verflogen waren, während ich hyperventilierend in der Morgensonne stand; binnen weniger Tage hatte ich darüber hinaus beschlossen, die Schwebfliegen im weiteren Sinne aufzugeben und mich ganz auf das Studium der Gattung *Callicera* zu konzentrieren. Und diesmal würde die ganze Welt mein Arbeitsfeld sein.

Seit der tüchtige Fliegenforscher Dr. Kumar Ghorpadé in Bangalore, Indien, Anfang der achtziger Jahre eine bisher unbekannte Art aus dem westlichen Himalaya beschrieben hat *(Callicera christiani)*, kennt die Wissenschaft insgesamt siebzehn, relativ gleichmäßig auf dem Erdball verteilte Arten. Einige in Amerika, einige in Europa und noch ein paar mehr in Asien und auf den Inseln dahinter. Zwei dieser Arten sind bis heute nur in einem einzigen Exemplar bekannt. Einem. Das ist nicht viel. Der Wissensstand ist dementsprechend.

Die Callicera-Forschung ist einfach ein ideales Betätigungsfeld für jemanden, der sich umschauen und zur intellektuellen Entwicklung beitragen möchte, ohne sich deshalb mit schwerer Ausrüstung und riesigen naturwissenschaftlichen Sammlungen herumplagen zu müssen. Ein Kescher und ein Exhaustor, ein bisschen Zyankali und viel Zeit sind alles, was man benötigt, sowie möglicherweise einen gewissen Gleichmut und die Gabe, sich an kleinen Dingen, eventuell auch an gar nichts, zu erfreuen.

Einmal in Schwung gekommen, wurde ich dann auch noch Mitglied in einem Verein, den es überhaupt nicht gab. Das Gerücht von meinem Fund auf der Insel verbreitete sich, wie nicht anders zu erwarten gewesen war, mit der Geschwindigkeit des Internets, und binnen weniger Stunden erreichte mich eine Mitteilung von einem meiner Freunde, einem Arzt in Eskilstuna, der zu jener exklusiven Schar gehört, die eine *Callicera* in der Fliegensammlung hat. Er hieß mich im Calliceraclub willkommen. Das war natürlich nur eine spontan formulierte Phrase, ohne Entsprechung in der Wirklichkeit, aber wie auch immer es dazu kam, der Name und die Idee blieben haften, und später, im Herbst desselben Jahres, wurde dieser Verein in offiziellerer Form gegründet.

Die Vereinsaktivitäten beschränken sich im Wesentlichen darauf, sich gegenseitig zu bewundern. Die einzige Möglichkeit, aufgenommen zu werden, was auf Lebenszeit geschieht, besteht darin, dass man in Schweden eine *Callicera* fängt, fotografiert oder den Fang auf andere, über jeden Zweifel erhabene Art belegt. Am besten ist es, sie auf eine Nadel gespießt zu präsentieren. Der Club ist deshalb nicht besonders groß. Andererseits heißt es in den Statuten, dass eine Versammlung bereits mit nur zwei Teilnehmern voll beschlussfähig ist. Wir treffen uns regelmäßig im Grand Hotel von Lund, genauer gesagt im Restaurant, wo wir gut essen und teure Weine trinken, während wir uns von unseren gefangenen Fliegen erzählen. Das mag ein wenig unseriös klingen, aber der Schein trügt. Zweck unseres Vereins ist es nämlich, alle jüngeren Schwebfliegensammler – und in dieser Beziehung muss ich wirklich sagen, dass die Entwicklung in den letzten Jahren erfreulich gewesen ist – so neidisch auf uns in der obersten Kaste zu machen, wenn der Begriff gestattet ist, dass sie sich in ihrem Bestreben, es eines schönen Tages auch so weit zu bringen, wirklich anstrengen, um eine *Callicera* zu erbeuten, was wiederum zu besseren Kenntnissen über die Biologie dieser Arten führen wird. Grundlagenforschung eben.

Am Ende wird unser Wissen vielleicht so weit reichen, dass man eine *Callicera* tatsächlich durch eine bewusste, auf Studien basierende Anstrengung suchen kann. Das Experiment der Engländer mit *Callicera rufa* weist in diese Richtung. Diese spezielle Art, die nur an einem Ort in Schottland vorkommt, versuchen die dortigen Kollegen sogar in künstlichen Fäulnislöchern zu züchten.

Bisher geschieht jedoch noch alles nach dem Zufallsprinzip. Unter den Qualifikationen der Mitglieder ist keine wichtiger als die, dass wir zufällig Glückskinder sind. Von allen entomologischen Zeitschriften der Welt ist deshalb die von uns herausgegebene – *Mitteilungen aus dem Calliceraclub* – die glücklichste. Angeberei in leisen Tönen und kleiner Auflage; ein kurzes Resümee auf Französisch in aller Schlichtheit und eine deutsche Zusammenfassung wie in den guten alten Zeiten.

7

EINE SESSION MIT CHARLIE PARKER

Gustaf Eisen sammelte im Laufe seines langen und ereignisreichen Lebens mit Sicherheit viele Schwebfliegen, aber soweit ich weiß, wurde nie eine nach ihm benannt. Eine mexikanische Waffenfliege heißt *Hermetia eiseni* und in anderen unzugänglicheren Ecken Mittelamerikas leben sowohl Bremsen als auch Schnaken, die seinen Namen tragen, aber keine Schwebfliegen. Im Übrigen wollen wir den Ereignissen nicht vorgreifen.

Ganz am Anfang der ewige Wunsch, der Beste zu werden, in irgendetwas, und schon im jugendlichen Alter entschied er sich deshalb für Regenwürmer. Inspiriert haben soll ihn der Arzt und Professor an der Veterinärhochschule von Stockholm Hjalmar Kinberg, ein Mann, der wie viele andere in Eisens Bekanntenkreis breit gefächerte Interessen und einen Hang zum Sammeln und Systematisieren hatte. So war er einer der bedeutendsten Münzensammler seiner Zeit, und unter seinen schriftstellerischen Werken findet man ausführliche Studien zur Naturgeschichte der *Edda* sowie eine erschöpfende Abhandlung über sämtliche Haustiere, die im *Talmud* vorkommen.

Anfang der fünfziger Jahre des 19. Jahrhunderts

war Kinberg zudem Schiffsarzt auf der Fregatte Eugenie während deren Weltumseglung gewesen und hatte von der Akademie der Wissenschaften den Spezialauftrag bekommen, sich um die zoologischen Sammlungen zu kümmern. Aus irgendeinem Grund spezialisierte er sich auf Vögel und Würmer und trug offenbar einiges zusammen, denn noch fünfzehn Jahre nach seiner Heimkehr lagen Würmer in Alkohol, die sortiert werden mussten. Das durfte Eisen übernehmen.

Ist das nicht wirklich apart? Hier haben wir einen jungen Mann, noch nur ein Gymnasiast, dessen Eltern gestorben sind; ein Junge, der seinen Weg sucht, und dann entscheidet er sich für eine Laufbahn als Regenwurmforscher. Aber vielleicht ergab es sich auch einfach so, rein zufällig. Jedenfalls können wir sicher sein, dass die Wissenschaftler seine Begabung erkannten und seinen Fleiß zu schätzen wussten. Es heißt, dass er alle freien Stunden im Naturhistorischen Landesmuseum verbrachte, das damals noch in der Drottninggatan im Stadtzentrum lag, wo er sich unter Anleitung berühmter Männer wie Adolf Erik Nordenskiöld, des Polarforschers, in Zoologie und Geologie einarbeitete.

Im Frühjahr 1868 machte er Abitur. Ungefähr zur selben Zeit wurde die Abhandlung über Gotska Sandön veröffentlicht, und im September schrieb er sich an der Universität Uppsala ein.

Nun wurde der Zoologe Vilhelm Liljeborg sein Lehrer, ebenso wie der Botaniker Thore Magnus Fries, und mir kommt der Gedanke, dass Wissenschaftler in dieser Hinsicht an Jazzmusiker erinnern, bei beiden sind die Namen so wichtig. Die Idole und all jene, die den Weg geebnet haben. Hat man einmal mit Charlie Parker gespielt, erzählt man es jedem, der einem sein Ohr leiht. Und natürlich ist es möglich, dass zum Beispiel John Areschoug zu Eisens Zeit eine Art Dizzie Gillespie der Braunalgenforschung war und der Spinnensystematiker Tamerlan Thorell auf seinem Gebiet ein Virtuose wie viel später der schwedische Saxofonist Lasse Gullin. Ich weiß es nicht so genau.

An drei Namen kommen wir trotzdem nicht vorbei, wenn wir uns nun in die Welt hinausbegeben. Drei legendäre Naturforscher – ein Schwede, ein Engländer und ein Amerikaner –, ungefähr gleichzeitig am Anfang des Jahrhunderts geboren und folglich etwa vierzig Jahre älter als Eisen. Sven Lovén, Charles Darwin und Louis Agassiz. Das nenne ich ein Trio.

*

Nach drei Jahren in Uppsala war Eisen so weit, seine erste größere Arbeit über Regenwürmer zu veröffentlichen. Der Titel der Schrift lautete *Beiträge zur Oligocætfauna Skandinaviens* (1871). Ein beeindruckendes Werk. Sämtliche damals bekannten Arten werden in einer Weise abgehandelt, die von der Vertrautheit des Autors mit den Quellen zeugt, angefangen bei Linné, vor allem aber von seinen Erfahrungen mit den Würmern selbst, im Feld wie unter dem Mikroskop. Alles, was es zu sehen und zu wissen gibt, beschreibt er, auf Lateinisch und Schwedisch, und von besonderem Interesse für unsere Zwecke hier und jetzt sind seine Ausführungen in den Abteilungen »Aufenthaltsort und Lebensweise« sowie »Verbreitung«. Ihnen lässt sich nämlich einiges über Eisens eigene, variierende Aufenthaltsorte und bis zu einem gewissen Grad auch über seine Lebensweise entnehmen.

So erfährt man etwa, dass er zu diesem Zeitpunkt, vierundzwanzig Jahre alt, weite Reisen durch Schweden und Norwegen unternommen hat und mit bedeutenden Wurmmenschen auf dem Kontinent korrespondierte. Detaillierte Beschreibungen der oft nächtlichen Aktivitäten verschiedener Art sagen uns darüber hinaus einiges über seine Gewohnheiten und rufen zudem Strindbergs Eigenbrötler in Erinnerung. Es lässt sich nachlesen, welcher Art er in jenen Nächten auf der Spur war, in denen ihn sein Freund Strindberg begleiten durfte.

Man kann den gelben Lichtschein der Laterne in der Sommernacht erahnen; hört im Geiste die flüsternden Stimmen der jungen Männer. Eisen schreibt:

> »Bei uns scheint *L. foetidus* recht selten vorzukommen. Ich habe ihn nur an wenigen Stellen gefunden, an diesen jedoch in großen Mengen. In Schonen und Blekinge dürfte er am gewöhnlichsten vorkommen. In Västergötland nahe Alingsås sowie auf dem Kinnekulle habe ich ihn ebenfalls gefunden und gleichermaßen im Botanischen Garten von Uppsala, wo er ausgesprochen reichlich anzutreffen ist. In Deutschland, Frankreich und England gehört *L. foetidus* zu den selteneren Arten.«

Lumbricus foetidus. Ich las mir den Namen laut vor und plötzlich kam mir der Gedanke, dass jetzt der richtige Zeitpunkt gekommen sein könnte, endlich die Geschichte unseres Hauses auf der Insel zu erzählen. Lovén, Darwin und Agassiz müssen sich noch kurz gedulden. Denn auch ich blicke auf eine Vergangenheit mit dieser heute so weitverbreiteten Art zurück, die gemeinhin auch Kompostwurm genannt wird.

Meine Beziehung zur Biologie der Regenwürmer ist ansonsten eher reserviert. Ein Fanatiker bin ich nie gewesen und werde es wohl auch nie mehr werden. Regenwürmer zu sammeln käme mir niemals in den Sinn, denn sie dürften in der Handhabung schwierig sein, und die Alternative, die heutzutage so beliebt ist – zu fotografieren, statt zu sammeln, Schmetterlinge oder was auch immer –, erscheint mir ebenfalls wenig verlockend. Ehrlich gesagt laufe ich an ihnen vorbei, ohne mich im Mindesten um sie zu scheren. Falls ich überhaupt etwas fühle, dann am ehesten ein müdes Desinteresse.

Bevor wir auf die Insel hinauszogen, war der Platz der Regenwürmer in meiner Welt noch in eine sanfte und vage romantische Atmosphäre entschwundener Sommerferien und sonniger Tage getaucht, an denen der Vorrat aus Köderwürmern von entscheidender Bedeutung für das Jagdglück war. Stiefel und Würmerdose.

Der Duft von Erde und Brennnesseln. Geteertes Bootsstegholz, von der Sonne erwärmt. Wir angelten viel, meine Freunde und ich. Zehn Minuten dauerte es, zum Gränsö-Kanal zu radeln, der damals noch eine Idylle mit steilen, üppig bewachsenen Uferböschungen war, vor allem südlich der alten Brücke aus Eisen und Holz, die von Hand geöffnet wurde und von deren Brückenkopf aus ich meinen ersten Eisvogel sah. Der Kanal war alt, kurz nach den napoleonischen Kriegen wurde er von französischen Seeräubern in Gefangenschaft gegraben. Dort angelten wir. In erster Linie Barsche und Plötzen. Über die Lebensgewohnheiten von Regenwürmern wusste ich also das eine oder andere.

Aber jetzt schrieb man das Jahr 1986.

Ich arbeitete noch in den Kulissen des Königlich Dramatischen Theaters in Stockholm und wohnte als Untermieter in einer Wohnung im Stadtteil Kungsholmen, die unwesentlich größer war als ein Kleiderschrank. Und mittlerweile war Johanna aus Schonen zu mir gezogen. Wir waren zwar verliebt, aber da wir unser erstes Kind erwarteten, wurde es höchste Zeit, sich nach etwas Größerem umzuschauen. Eine Wohnung im eigentlichen Stadtgebiet zu kaufen kam nicht in Frage, denn unsere Einkünfte waren nun wirklich nicht hoch. Aber vielleicht, überlegten wir uns, konnten wir ja irgendwo in der Peripherie der Stadt ein billiges Haus finden.

Man kann es auf zwei Arten versuchen. Entweder sucht man in einem großen Gebiet, in dem es viel Auswahl gibt, nach einer Wohnstatt, oder in einem eingegrenzteren, in dem die Auswahl kleiner ist. Wir entschieden uns für letztere Alternative. Sonst hätten wir es nie geschafft. Nur wenige Aktivitäten sind so anstrengend und eine solche Nervenbelastung wie die Suche nach einem Haus, in dem man unter

Umständen den Rest seines Lebens verbringen wird. Ist man vorher noch nicht wankelmütig, wird man es bei der Suche.

Ich war auch früher schon auf der Insel gewesen, wenn auch nur zu kurzen Besuchen. Das erste Mal, im Mai 1984, besuchte ich sie, um für die *Stockholms-Tidningen* einen Artikel über die einzigartige Orchideenflora der Insel zu schreiben, aber weil ich damals schon auf einer halbherzigen Flucht aus der Biologie und Wissenschaft war, handelte der Text, wenn ich mich recht erinnere, eher von Strindberg und dem Häuschen, in dem er einen Sommer verbrachte und schrieb und fluchte und sich vor Sehnsucht verzehrte. Dort entstand sein Roman *Am offenen Meer*. Auch anderes. Die sonderbare Erzählung »Der Silbersumpf« wurde ebenso auf der Insel verfasst wie zahlreiche Briefe. Ich blieb in der Frühlingssonne sitzen. Malte mir die Zukunft aus. Diese Insel hatte etwas.

So kam es, dass wir zwei Jahre später beschlossen, dort und nirgendwo sonst zu suchen. Das war nicht weiter schwer, vor allem, da das Angebot klein war. Als wir im April 1986 anfingen, gab es dort draußen gerade mal ein Haus zu kaufen, und das wollten wir nicht haben. Aber wir fuhren trotzdem hin und trieben uns auf den Straßen herum; fragten Leute, denen wir begegneten, und baten sie um Rat. Wir würden hier gerne wohnen, sagten wir, und jedermann konnte deutlich sehen, dass wir vor dem Herbst eine Bleibe brauchten. Jedenfalls erzählte uns schließlich eine Frau auf der Insel von einem Haus, zwar halb verfallen, aber immerhin, in dem seit dreißig Jahren keiner mehr gewohnt hatte.

Wir schauten vorbei. Es war der sechste Mai. Die Schlüsselblumen blühten, der Kuckuck rief und seit neuestem flog der Faulbaum-Bläuling. Das Haus erwies sich als Bruchbude; das Grundstück, auf dem es lag, als Paradies.

Mit Hilfe des Katasteramts fanden wir heraus, dass dieses Haus einem Mann mittleren Alters gehörte, der auf Gotland lebte. Wir schrieben ihm einen langen Brief. Er antwortete, ein wenig förmlich, aber trotzdem irgendwie entzückt, und erzählte uns ausführlich die Geschichte des Orts, seit das Haus um die Jahrhundertwende erbaut worden war. Er hatte es, schon als Kind, von seinem Großvater geerbt. Jetzt war es, wie gesagt, leer und verfallen, und der Garten, der einmal sehr schön gewesen war, schlummerte seit langem unter Erlenunterholz und im Schatten riesiger Fichten. Der See war kaum noch zu sehen. Der Wald hatte die Oberhand gewonnen.

Der freundliche Brief des Besitzers machte uns natürlich Hoffnung und obwohl er es vermieden hatte, unsere Frage nach einem möglichen Verkauf zu beantworten, setzte sich der Briefwechsel im Frühsommer fort, und eines schönen Tages im August ließ er uns das Haus auf einmal kaufen. Er hatte sich erst an den Gedanken gewöhnen müssen; das Geld war nicht so wichtig. Wir bekamen es billig.

Ungefähr zehn Jahre später wurde dieser Mann berühmt oder vielmehr berüchtigt, was uns erstaunte. Er, den offenkundig andere Leidenschaften umtrieben als finanzielles Gewinnstreben, war einem ganz eigenen Wahn verfallen, der sich im Diebstahl seltener Bücher manifestierte. Er war sehr gebildet und in Visby, wo er in einem Steinhaus aus dem 13. Jahrhundert lebte, sehr angesehen. Das älteste Haus der Stadt, pflegte er zu sagen. Doch nun hatte er also begonnen, Bücher zu stehlen, und eines von ihnen war Isaac Newtons *Principia* – die Erstausgabe von 1687 –, die jemand einmal der Allgemeinen Lehranstalt Visby gestiftet hatte.

Zur Katastrophe kam es, als er das Buch später für 60 000 Pfund bei Sotheby's in London versteigern ließ. Alles kam ans Licht und unser Wohltäter landete im Gefängnis, später phasenweise auch in der Psychiatrie. Er lebt nicht mehr. Aber wenn er auf freiem Fuß war, rief er manchmal an und war stets fröhlich und freundlich.

Wie auch immer, wir zogen unverzüglich in die Schären hinaus und machten uns die Insel zu eigen. Wir wohnten viele Jahre in dem Häuschen, bis wir das große Haus am See bauten. Wir konnten uns nichts anderes leisten. Das Dach war undicht, die Wände hauptsächlich mit alten Ameisenhaufen isoliert; der Brunnen war kaum mehr als eine lebensgefährliche Grube in der Erde und da unser erster Winter dort der kälteste seit 170 Jahren war, musste man die Axt mitnehmen, um die Eimer füllen zu können. Auf dem Plumpsklo hinter dem Holzschuppen verweilte man nur ungern zum Philosophieren. Strom gab es in dem Haus, aber das war im Grunde auch alles.

Ach ja, das Plumpsklo. Die Familie wuchs doch. Die Handhabung der Klotonnen wurde schon bald eine ziemlich schwere Angelegenheit, wenn auch mit einer gewissen beruhigenden Wirkung. Ich vermischte den Inhalt in den Tonnen mit Blättern und

Sägespänen, Gras und allem anderen, was in einem Garten auf dem Land so übrig bleibt, und anschließend verwandelten die zahllosen Regenwürmer der näheren Umgebung den Komposthaufen in die beste Muttererde, die man sich nur vorstellen kann. In der ersten Hälfte der neunziger Jahre hatte der Misthaufen die Größe eines VW-Käfers oder doch zumindest eines Fiat 500, was, wie ich mir ausrechnete, groß genug war, dass sich mindestens drei schwer bewaffnete Sicherheitsbeamte des Secret Service dahinter verstecken konnten, ohne gesehen zu werden.

*

Es war die Zeit, in der ich mit Al Gore in Kontakt stand, wenn auch auf Distanz. Er war gerade Vizepräsident der Vereinigten Staaten geworden und hatte das Buch *Wege zum Gleichgewicht: ein Marshallplan für die Erde* (1992) veröffentlicht, in dem es um das Kunststück ging, die Umweltprobleme der ganzen Welt zu lösen. Nicht dass ich mit allem, was er schrieb, einverstanden gewesen wäre, aber der Ton seines Buches sprach mich irgendwie an, die Wärme. Außerdem brauchten wir Geld, sodass ich es zu Albert Bonniers Verlag mitnahm und meine Dienste als Übersetzer anbot. Gesagt, getan, ein Wälzer. Und als dann vor der Buchpremiere das Gerücht aufkam, Al und seine Frau Tipper würden Schweden besuchen, entstand die Idee, den beiden etwas von unserem schönen Land zu zeigen, wenn sie schon einmal da waren.

Setzt sie in einen Hubschrauber, sagte ich, und

fliegt sie eine Runde über Stockholm und die Schären. Eine schönere Landschaft gibt es nicht. Und landet man dann hier bei uns am See, hat der Autor die Chance auf eine Tasse Kaffee und einen Plausch mit seinem Übersetzer in dessen bescheidenem Heim. Das hielten alle für eine ganz ausgezeichnete Idee. Unser See ist zwar nicht Walden Pond, aber fast. Der Verlag sondierte im Außenministerium das Terrain und alle schienen einverstanden zu sein.

Aber die Sache platzte. Sie kamen nie. Nicht einmal sonst wohin nach Schweden.

Mich grämte nur die Sache mit den Bodyguards hinter dem Misthaufen. Ich hatte mich so in diese Fantasie hineingesteigert, dass ich auch später lange Zeit nicht an dem Kompost vorbeigehen konnte, ohne nachzusehen, ob sich dort nicht doch jemand mit Schutzweste und Zielfernrohr herumtrieb. Aber nein.

*

Die Übersetzung warf jedenfalls den finanziellen Grundstock für unser neues Haus ab. Endlich war die Zeit reif für ein bisschen materiellen Wohlstand; fließendes Wasser und viel Platz für alle Kinder und Bücher. Die Zeit des Plumpsklos war definitiv vorbei. Aber weil wir uns nun einmal daran gewöhnt hatten, stets in praktisch unbegrenzten Mengen Muttererde zur Verfügung zu haben, schafften wir uns keine gewöhnliche Dreikammer-Kleinkläranlage für den Abfluss an, sondern eine hochmoderne Humusanlage, im Keller, direkt unter dem Badezimmer. Ich erspare uns die Details, aber im Prinzip handelte es sich um einen großen Plastikbehälter, in dem eine Armee von Regenwürmern im Gleichtakt mit den Rohstoffen, die wir aus der oberen Etage lieferten, Humus produzieren sollte.

Ich lernte daraufhin zwei Dinge. Erstens erkannte ich, dass die Aufzucht von Würmern zu einer Industrie geworden war. Der in aller Welt bekannte Kompostwurm *Eisenia foetida* (die Gattung *Lumbricus* bekam früh den neuen Namen *Eisenia*) wird in Wurmfarmen gezüchtet, bei denen man eine passende Menge per Postversand bestellen kann. Laut Werbung braucht man die Tiere anschließend nur im Mist zu installieren, ähnlich wie Software auf dem Computer, woraufhin alle Sorgen aus der Welt sein sollten.

Zweitens lernte ich, dass dies nur selten funktioniert, wenn überhaupt jemals. Nach vielen Jahren Übelkeit im Keller glaube ich heute mit ziemlicher Sicherheit zu wissen, dass man ohne eine gewisse religiöse Einfalt der recyclingfanatischen Art nicht weiterkommt. Man muss die Würmer pausenlos umhegen, ihnen Gesellschaft leisten, sonst sterben sie.

Wie üblich versuchte ich, mich trotzdem in die Materie einzulesen, um den rechten Umgang mit diesen Haustieren zu erlernen, aber die Bücher, die ich fand, bestätigten mich nur in meinem Verdacht, dass moderne Kompostierung eher eine Art Weltanschauung ist und folglich nichts für mich. Inzwischen besitzen wir eine Dreikammer-Kleinkläranlage. Ein deutscher Experte zu diesem Thema, Walter Buch, schrieb ganz nüchtern, in früheren Zeiten habe man getrocknete Regenwürmer zu einem Pulver zermahlen, das anschließend dem Schießpulver in Munition für Gewehre und Kanonen beigemischt wurde, wovon man sich eine erhöhte Treffsicherheit versprach. Es funktionierte bestimmt, wenn man nur fest daran glaubte. Vielleicht bin ich ja auch ungerecht, aber ich hatte trotzdem das Gefühl, dass es sich mit den Würmern in der Kloanlage in etwa genauso verhält.

*

Gustaf Eisen war Darwinist, einer der Ersten in unserem Land, der wirklich begriff, was die Lehre besagte. Wahrscheinlich fasste er sich deshalb ein Herz und schickte seine Abhandlung über die Regenwürmer Skandinaviens dem Meister in Down House vor den Toren Londons. Sein Begleitschreiben ist seit langem verschollen, aber Darwins Dankschreiben existiert noch – datiert auf den 3. Dezember 1871. Eine Reliquie. Ein Fetisch. Ja, dieser Brief ertönt in den gesamten siebzig Jahren, die Eisens Leben noch dauern sollte, wie ein fernes Saxofonsolo.

Als der Journalist Erik Wästberg ihn Ende der dreißiger Jahre in der Park Avenue besuchte, kam auch dieser Brief zur Sprache. Der alte Mann in der riesigen Wohnung hatte gerade erzählt, dass er einmal dem König begegnet war – Karl XV. (1826–1872) –, und zeigte stolz einen Brief seines Freunds Strindberg, in dem dieser schrieb: »Gustaf! Was du für mich getan hast, das hast du verdammt nochmal nicht umsonst getan ...«

Dann holte er einen anderen Brief heraus und begann, über Charles Darwin zu sprechen. Wästberg schrieb in der Illustrierten *Vecko-Journalen* einen Artikel über Eisen, kurz vor dem Krieg, als schon die Summe seines Lebens vorlag, und Darwins Brief war ohne jeden Zweifel wie eine Session mit Charlie Parker. Der greise Mann war immer noch stolz, obwohl das Schreiben kaum mehr war als ein kurzer Gruß. Darwin zeigte sich beeindruckt, sowohl von den kolorierten Tafeln, gezeichnet von Eisen persönlich, als auch von den detaillierten Erkenntnissen über Verbreitung und Lebensgewohnheiten der Tiere, die er sich ins Englische hatte übersetzen lassen.

Auch ich, schrieb Darwin, beschäftige mich ein wenig mit Regenwürmern.

8

DIE NATURGESCHICHTE DER SOMMERNACHT

Der Werklehrer, den wir Holzhitler nannten, lächelte kurz und sann über mein Anliegen nach. An jenem Tag stellte sich wie üblich zu Beginn des Schuljahrs die Frage nach den Plänen seiner Schüler. Was wollten wir im Werkunterricht machen? Wir konnten, innerhalb angemessener Grenzen natürlich, frei wählen und meine Schulkameraden brachten respektvoll eine Reihe von Ideen zu Schneidebrettern, Obstschalen und Tellerständern vor. Holzhitler nickte lustlos zustimmend und verwies, ohne eine Miene zu verziehen, auf abgegriffene Ordner mit fertigen Planskizzen, die nichts anderes als Schneidebretter, Obstschalen und Tellerständer darstellten. Erst als ich an der Reihe war, zeigte er einen Riss in seiner Fassade.

Glattgehobelte Vierzollbretter der Holzart Linde, im Notfall Espe. Das Holz muss sehr weich sein, erläuterte ich und versuchte, entschieden zu klingen. Seine Gedanken schweiften ab, vielleicht nur zum Holzvorrat im Nebenzimmer, aber heute, im Nachhinein, stelle ich mir vor, dass er sich an etwas längst Vergessenes erinnerte; daran, ein Junge zu sein, der irgendwohin unterwegs war.

Ich hatte mein Exemplar von Carl H. Lindroths informativer Schrift *Anleitung für Insektensammler* mitgebracht und konnte unter Berufung auf dieses Buch darlegen, warum das Holz für Schmetterlingsspannbretter weich sein musste wie Lindenholz. O doch, er verstand durchaus. Lindenholz war vorrätig und wenn ich mich nicht völlig täusche, schwang in seiner Stimme zudem ein anerkennender Ton mit, als er mir Millimeterpapier gab und mich aufforderte, eine detaillierte Zeichnung anzufertigen. Ein Hackbrett bedurfte der Planung.

Nun gut, Spannbretter hatte ich auch früher schon fabriziert, sodass ich nach zwei Schulstunden fertig war. Nun war die Zeit für meinen verborgenen Plan gekommen. Lange bevor es Sommer wurde und die Schmetterlinge zu fliegen begannen, sollte die Glühlampe mir gehören, aber dieses Ziel zu erreichen, erforderte List. Holzhitler beiläufig zu fragen, ob ich als Nächstes Steigeisen aus Armierungseisen anfertigen durfte, wäre sinnlos gewesen, denn auch wenn Werken mit Metall auf dem Lehrplan stand, konnte man sich ausrechnen, dass die Antwort trotz allem ein glattes Nein sein würde oder ein Nein, dem die Frage folgte, wozu ich diese denn benötigte.

Die Monteure der Elektrizitätswerke hatten Steigeisen, oder die Leute von der Telefongesellschaft, für Normalsterbliche waren sie dagegen ein streng verbotener Artikel. Sie sind schlichtweg lebensgefährlich. Nicht das Klettern an sich vielleicht, denn die Konstruktion ist einfach, bloß eine Art Metallbügel, den man sich unter die Schuhe spannt. Die Gefahr lauert vielmehr in den Hochspannungskabeln, die man dergestalt ausgerüstet leicht berühren konnte.

Die Richtlinien, die ich in der Einsamkeit der Nacht skizziert hatte, liefen stattdessen darauf hinaus, dass ich einen Punkt neben meinem eigentlichen Ziel ins Auge fassen und aus taktischen Gründen einen weiten Umweg machen musste. Ich hatte die Idee, zunächst eine größere Zahl von Nistkästen zu bauen. Das konnte einem keiner abschlagen. Und wenn diese dann im Frühling fertig sein würden – große und kleine, Nistkästen für Stare, Meisen, Waldbaumläufer sowie insbesondere einige, die für Käuzchen und Hohltauben bestimmt waren –, gedachte ich meinen Betrug mit Hilfe eines zweiten Buchs zu legitimieren, das ich sehr genau gelesen hatte.

Es hieß *Für Nistkastenbauer* und geschrieben hatte es Torgny Swiss Östgren. Darin steht, in dem Kapitel, das die Frage erörtert, wie hoch über dem Erdboden unterschiedliche Nistkästen platziert werden müssen, dass kleine Vögel mit Nistplätzen vorliebnehmen, die sich problemlos mit einer gewöhnlichen Leiter erreichen lassen, während der Waldkauz und die Hohltaube es vorziehen, in fünfzehn Meter Höhe in den Bäumen zu nisten. Und wie kam man dorthin? Dazu äußerte sich der Autor nicht. Ich dagegen würde einen Vorschlag machen. Einen hieb- und stichfesteren Plan konnte ich mir damals nicht vorstellen. Gerade die Tatsache, dass meine Strategie einen so langen Zeitraum umfasste, ungefähr ein halbes Jahr, überzeugte mich vollends, dass er aufgehen würde.

In den letzten Winterwochen bastelte ich Nistkästen, was das Zeug hielt. Es machte richtig Spaß.

Schwer war es auch nicht, und ich wage zu behaupten, dass in manchen Modellen eine gewisse Eleganz zum Ausdruck kam, insbesondere, wenn ich mich recht erinnere, in meinen Kopien des sogenannten Wohlfühlnistkastens, den damals kurz zuvor die Behindertenwerkstätten Gävle auf den Markt gebracht hatten, sozusagen als Kohlmeisenpendant zur völlig hysterischen Errichtung von Wohnungen, auch Millionenprogramm genannt, die zur gleichen Zeit in den Vororten der Städte grassierte.

Die Kauz- und Taubennistkästen sparte ich mir bis zuletzt auf und als sie fertig waren, fragte ich Holzhitler, meinem Plan folgend, ob er mir erlauben würde, das Projekt mit einem Paar Steigeisen abzuschließen. Ausführlich und beredt, auf die aktuelle Fachliteratur hinweisend, dozierte ich über die prekäre Situation der Hohltaube in unseren Wäldern, in denen die Konkurrenz groß war und geeignete Löcher in fünfzehn Meter Höhe liegen mussten.

Er sagte sofort Nein. Ohne weitere Diskussion. Ein glattes Nein.

Das war alles.

Ich verheddere mich immer wieder in langen Strategien, die gelegentlich funktionieren, es aber bemerkenswert oft auch nicht tun und mich stattdessen auf völlig unvorhergesehene Pfade führen. Ich bekam nie eine wirklich gute Schmetterlingslampe in die Finger, jedenfalls nicht als Kind, aber das war nicht weiter schlimm. Meine Absichten waren und blieben geheim, sodass ich in den Augen anderer nur ein glücklicher Nistkastenfabrikant war. Außerdem hatte dies zur Folge, dass ich anfing, mich mehr für Vögel zu interessieren, und mir darüber hinaus schon bald ein beträchtliches Spezialwissen über die reiche Fauna von Käfern, Läusen und anderen Insekten aneignen konnte, die ausschließlich in Vogelnestern leben.

Ich möchte sogar behaupten, dass meine Unfähigkeit, diese Glühlampe zu erreichen, mir mehr einbrachte, als ein Erfolg es getan hätte. Zwar keine Schmetterlinge, aber anderes.

Das Ganze entwickelte sich jedenfalls zu einer Art Fixierung auf alles, was mit Straßenbeleuchtung zusammenhing. Ich lernte, unterschiedliche Lampenarten aus großer Entfernung zu erkennen, und traue mir selbst heute noch zu, auch von einem Flugzeug in der Nacht aus, in mehreren tausend Metern Höhe, erkennen zu können, ob die Laternen, die eine Landstraße säumen, aus Neonröhren bestehen oder aus jenen Mischlichtlampen, die ausgehen, wenn man gegen den Laternenpfahl tritt. Der Trick war sehr nützlich, vor allem wenn Mädchen dabei waren und wir uns abends unter einer anderen Straßenlaterne trafen, näher am Gränsövägen gelegen, und die Nächte damit verbrachten, Obst zu klauen.

Und jedes Mal, wenn ich dort sitze, wach am Fenster der Maschine in der Nacht, und an einer Stadt vorbeikomme, die tief unter mir auf der Erde in waberndes Licht getaucht ist, erinnere ich mich an meinen größten Triumph, den letzten, ehe ich meine Kindheit und Västervik verließ und mich in die Welt hinausbegab.

*

Wir wurden allmählich erwachsen. Kaum einer machte noch etwas ganz allein. Balzstimmung prägte das Zusammensein in der Clique, zu der ich mich gesellt hatte. Kein Schmetterling in der Welt konnte mir noch helfen, aber wie dem auch sein mochte, mein Interesse für Straßenbeleuchtung blieb weiter bestehen. In der Stadt, wo wir uns nachts herumtrieben, gegen eine Straßenlaterne zu treten, und so hier und da eine Lampe auf einem Fahrradweg auszuschalten, beeindruckte jedoch niemanden. Laternenpfähle standen überall, Dunkelheit konnte ich also nicht heraufbeschwören, und die Mädchen ließen sich nicht so mir nichts, dir nichts küssen.

Am Ende lief ich allerdings zu großer Form auf.

Ich hatte mich der Theorie zugewandt und grübelte deshalb darüber nach, wie all diese Straßenlaternen abends eigentlich eingeschaltet wurden. Es erschien mir jedenfalls äußerst unwahrscheinlich, dass jemand im Straßenbauamt aus seinem Sessel aufstand und auf einen Knopf drückte. So funktionierte es auch nicht. Exakt wie ich die Antwort herausfand, weiß ich nicht mehr, aber ich weiß, dass es mir gelang, an die benötigte Information heranzukommen – dass die Straßenbeleuchtung der ganzen Stadt irgendwo von einer Fotozelle gesteuert wurde, mit einem automatischen Auge, das sensibel auf die Dunkelheit der Abenddämmerung und das Licht des Morgengrauens reagierte.

Ich machte mich auf die Suche. Västervik ist keine große Stadt. Ich hatte zwar keine Ahnung, wie diese Fotozelle aussah, stellte mir aber vor, dass sie nichts anderem ähneln und relativ frei liegen müsste, an einem Mast vielleicht oder einem Hausdach. Später schnappte ich das Gerücht auf, die Fotozelle sei irgendwo in Ufernähe platziert, möglicherweise im Hafen oder unten an der Gamleby-Bucht. Ich konzentrierte mich bei meiner Suche auf diese Gebiete.

Und eines schönen Tages fand ich sie, an einer nordwärts gewandten Hauswand, gegenüber vom Hallenbad, von Strömsholmen aus gesehen also auf der anderen Seite des Wassers. Ein unansehnliches Ding, relativ hoch, aber doch so niedrig, dass ich problemlos kontrollieren konnte, wie die Sache funktionierte. Ich wartete die Dunkelheit ab und leuchtete mit meiner Taschenlampe die Fotozelle an. Die ganze Stadt erlosch.

Welch ein wundervolles Gefühl!

Machthungrig bin ich nie gewesen, es sei denn, man wertet Ehrgeiz als Machthunger, aber seit jenem Abend weiß ich einiges mehr über die Süße, von der man sagt, sie sei eng mit dem Gefühl uneingeschränkter Macht verbunden.

Elektronik dieser Art ist heute mit Sicherheit weitaus intelligenter, aber in jenem Sommer, in dem ich in ganz Västervik die Lichter ausgehen ließ – es geschah 1976 –, fasste die Fotozelle das Licht meiner Lampe einfach auf, als wäre es plötzlich Morgen geworden. Zeit, das Licht auszuschalten. Und als ich den Lichtkegel der Taschenlampe anschließend auf einen anderen Punkt richtete, musste dieser dumme Apparat wohl registriert haben, o verdammt, jetzt ist es aber schnell Abend geworden, denn es dauerte nur wenige Sekunden, bis die ganze Herrlichkeit wieder eingeschaltet wurde.

Ich probierte es noch einmal.

Beim zweiten Mal machte es genauso viel Spaß.

Die Geschichte hat eine Fortsetzung, die eigentlich nicht hierher gehört – das Ganze wurde zu weit getrieben –, aber da ich weiß, dass die Ereignisse hinterher Gegenstand eifriger Spekulationen waren, sogar bei der Polizei, sind ein paar Worte dazu wohl dennoch angebracht. Nur zur Information, sonst nichts.

Es war ein warmer Sommerabend. Noch lagen zahlreiche Segelboote im Jachthafen, und auf dem Holzsteg am Strandvägen vor dem Häggblad'schen Haus bewegten sich die Flaneure gemächlichen Schrittes, denn es lag ein Hauch von Altweibersommer in der Luft, es war ein Abend, der vielleicht der letzte war vor dem Herbst und dem Ernst des Lebens.

Alles war sorgsam vorbereitet. Gemeinsam mit einem Freund hatte ich in einer öffentlichen Toilette am Marktplatz einen Spiegel gestohlen, den wir so aufstellten, dass das Licht einer Straßenlaterne über den Spiegel direkt in das Auge der Fotozelle fiel. Das Ganze wurde dadurch zum Selbstläufer. Sobald die Glühlampen angingen, graute für die Fotozelle der Morgen, woraufhin alles wieder ausging, und dann war es nur eine Frage von Sekunden, bis sich die Beleuchtung wieder einschaltete. Die Fotozelle geriet in blinde Panik; Morgen und Abend lösten einander in einem unnatürlich schnellen Wechsel ab, wodurch sich unsere ganze schöne Stadt in etwas verwandelte, das an einen Flipper erinnerte oder einen späten Abend auf dem Las Vegas Boulevard.

Die Flaneure auf der Uferpromenade hielten verwundert inne. Die Mädchen lächelten meinen Freund und mich an.

*

Jahre später, als ich eine Reise um die Welt gemacht hatte und es höchste Zeit geworden war, sich für ein akademisches Spezialgebiet zu entscheiden, den Blick auf etwas Fernes zu richten und so dem bisher allgemein gehaltenen Studium der Biologie eine Richtung zu geben, die mich zu einem Examen und Titeln, vielleicht sogar Selbstachtung führen konnte, wurde ich von großen Zweifeln überwältigt.

Meine neuen Freunde an der Universität von Lund schienen alle Kurs auf Karrieren zu nehmen, die nachvollziehbar waren. Viele wollten Lehrer werden, andere Büroleiter beim Amt für Umweltschutz. Einer war seit dem ersten Semester fest entschlossen, Geranien und andere Topfpflanzen zu veredeln, und einige drifteten schon früh in Richtung Pharmaindustrie ab. Forscher wollten natürlich auch viele werden, was ein paar von ihnen auch tatsächlich gelang. Sie tauchen gelegentlich als abgezehrte Professoren in fußläufiger Entfernung vom Gestrigen auf. Die akademischen Reviere liegen so dichtgedrängt wie in einer Papageientaucherkolonie.

Die Forschung reizte auch mich, wenn überhaupt etwas, genauer gesagt die systematische Zoologie, insbesondere Insekten. Ich war damals in einer meiner wiederkehrenden Käferphasen. Doch je mehr ich vom Zoologischen Institut sah, wo der ausgestopfte

Riesenalk den Umgangston des Personals vorzugeben schien, desto größer wurden meine Zweifel.

Am Ende kaufte ich mir eines Vormittags im Mai eine Flasche Rotwein der billigsten Sorte und radelte zum Fågelsångs-Tal, das auf dem Weg zum Krankesee und den Wiesen von Vomb lag. Dort angekommen ließ ich mich auf der Böschung an der Nordseite des Bachs nieder, wo Gebirgsstelzen nisteten, und leerte begleitet von intensiver Denkarbeit meine Flasche. Was wollte ich eigentlich? An diesem Tag erkannte ich, dass meine Fachrichtung die Naturgeschichte der Sommernacht war. Aber die gab es nicht. Also hörte ich auf.

9

JUNGE MIT GLÜCK

Von Darwins vielen Büchern ist mir *The Formation of Vegetable Mould through the Action of Worms, with Observations on their Habits* das liebste. Ein Klassiker unter den Reflexionsbüchern der Biologie. Es erschien 1881 und war das letzte aus seiner Feder. *The Origin of Species* (1859) war natürlich ein epochales Werk, eines der einflussreichsten Bücher der Geschichte, beständig wie ein Stein, aber *Worms* ist schöner; es ist listig und hoffnungsvoll, wie es über Thoreau einmal hieß.

Da sitzt ein Mann, der alles erreicht hat. Bereits in jungen Jahren sah er auf seiner langen Reise die Welt und inzwischen hat die Welt ihn gesehen. Noch wehren sich die mächtigen Männer der Kirche und verleumden öffentlich sein Werk, aber er weiß, wer auf Dauer gewinnen wird. Die Debatten interessieren ihn immer weniger. Er ist die Zankerei leid, und noch mehr Ehre erträgt kein Mensch, am wenigsten er. Sein Magen ist wie üblich verstimmt. Also zieht er sich zurück; wühlt in seinem Garten und schreibt dieses Buch über Regenwürmer, wie er es sich, mindestens, sein halbes Leben lang vorgenommen hatte. Endlich ist er wieder Feldbiologe.

Ich denke, den Schlüssel zu diesem Buch findet

man in einem Brief. Na schön, es gibt natürlich mehrere Schlüssel oder vielleicht auch gar keine, aber meine persönliche Lesart geht von einem Rat aus, den Darwin seinem Sohn George gab, als dieser getrieben von jugendlichem Eifer eine religionskritische Abhandlung irgendeiner Art verfasst und seinen berühmten Vater gefragt hatte, ob er sie, als Kritiker, vor der Veröffentlichung lesen wolle.

Besinne dich, schrieb Darwin in seiner Antwort. Lege das Pamphlet zur Seite und warte eine Weile. Die Kirche zu kritisieren, indem man ohne Umschweife zur Sache kommt, ist von geringem bleibenden Wert. Es ist, als schüttete man Wasser auf eine Gans. Nicht einmal Voltaire hatte damit Erfolg, trotz seiner messerscharfen Feder. Und unter Berufung auf John Stuart Mill und Charles Lyell schrieb er, man könne es gut und gerne ganz lassen. Zumindest, empfahl er seinem Sohn, sollte man sich auf »slow & silent side attacks« beschränken. Unterminierende Aktivitäten, sonst nichts. Wie die Regenwürmer. Sie bauen das Land vom Grund auf, buchstäblich, still und beharrlich, in den Nächten.

Wirklich toll ist, dass man sein Buch ebenso gut als ein Stück Wissenschaft in ihrer reinsten Form lesen kann, entstanden ohne irgendeine andere Absicht, als das Wissen zu mehren und sich innerhalb eines eng gesteckten Rahmens die Zeit zu vertreiben. Das geduldige Studium der Regenwürmer, die im Rasen rackern, erscheint mir besonders passend für einen Mann in seinem Alter und seiner Situation. Er spaziert wie ein alter Guru auf den Kieswegen und grübelt über Unerhebliches nach.

Wie steht es eigentlich um den Verstand der Würmer? Er geht der Sache nach. Das dauert, denn er ist, wie gesagt, alt, aber es gelingt ihm dennoch nachzuweisen, dass ihre Intelligenz tatsächlich größer ist, als man gedacht hätte. Allerdings sind sie stocktaub. Dies festzustellen gelingt ihm durch eine berühmte Serie von Experimenten. Ich kann es mir nicht verkneifen, sie wie einen Kurzfilm vor mir zu sehen. Die Wiedergabe des Ergebnisses sollte in Goldbuchstaben über dem Portal jedes Forschungslabors stehen.

> »Die Würmer haben kein Gehör. Sie nahmen keinerlei Notiz vom durchdringenden Laut einer Trillerpfeife, die mehrmals neben ihnen ertönte, ebenso wenig von den tiefsten und lautesten Tönen eines Fagotts. Sie reagierten nicht auf Schreie, wenn man darauf achtete, dass der Luftstrom sie nicht traf. Wenn man sie auf einen Tisch neben der Klaviatur eines Pianos legte, auf dem man möglichst laut spielte, blieben sie vollkommen ruhig.«

Man fragt sich, welches Stück gespielt wurde. Jedenfalls muss Emma, Darwins Frau, am Klavier gesessen und darauf herumgehämmert haben, dass die Wände wackelten. Pfiffe und Rufe konnte er sicherlich selbst hervorrufen, aber er war ziemlich unmusikalisch, und es mangelte ihm an jeglichem Gefühl für die einfachste Rhythmik, sodass er das Klavier normalerweise Emma überließ, die in ihrer Jugend, in Paris, einmal bei Frédéric Chopin in die Lehre gegangen war. Der Fagottist der Familie war sein Sohn Francis.

Nun gut, Eisens Abhandlung über die skandinavischen Regenwürmer kam ihm jetzt gerade recht. Darwin bezieht sich bereits auf Seite eins im ersten Kapitel seines Buchs auf dieses Werk und auch später an verschiedenen Stellen, was für Eisen eine Ehre und willkommene Anerkennung gewesen sein muss, offizieller und wissenschaftlich von größerem Gewicht als der Brief, den er zehn Jahre zuvor in Uppsala bekommen hatte. Und in seiner Situation konnte er wirklich ein wenig Ermunterung brauchen. Eisen hatte nämlich Pech. Nicht genug damit, dass er seine Eltern verlor; schon bald sollte er auch sein Vermögen verlieren. Später dann fast alles.

Wir wollen deshalb für einen Moment zu seiner fröhlichen Studienzeit in Uppsala zurückkehren, Anfang der siebziger Jahre des 19. Jahrhunderts, als gelehrte Männer mit akademischer Macht Pläne für seine Zukunft schmiedeten und ihm alles zu gelingen schien, was er anpackte.

Einer der Professoren, die für seinen Erfolg am wichtigsten waren, war Sven Lovén, der Direktor der Abteilung für Invertebratazoologie am Naturhistorischen Landesmuseum und ein weltweit führender Kenner von Seegurken und anderem Getier dieser Art. Er war bereits 1840 in die Akademie der Wissenschaften gewählt worden und hatte ein Jahr später, als er Anfang dreißig war, seine Professur bekommen, und es darf als gesichert angesehen werden, dass er in dem jungen Gustaf Eisen einen möglichen Nachfolger sah. Einen Mann der Zukunft. Jemanden, den man anspornte und unterstützte und auf Reisen nach Übersee schickte. Schon während seiner Gymnasialzeit, als Eisen wie ein Kind des Hauses im Landesmuseum ein und aus ging, hörte er Lovén zufällig zu Nordenskiöld sagen:

»Dieser Junge hat seltsam scharfe Augen. Er wird bestimmt Naturforscher.«

Nach fünf Jahren in Uppsala bezweifelte dies keiner mehr. Eisen hatte gezeigt, was in ihm steckte, als Sammler und als Systematiker. Er hatte begonnen, nach allen Regeln der Kunst neue Arten zu beschreiben, was einige Erfahrung und vor allem Überblick erforderte. Man sollte kurz gesagt wissen, was alle anderen über die Gruppe von Organismen geschrieben haben, die man erforscht.

Die erste eigene Art taufte er *Euchytræus ratzeli* nach einem Kollegen auf dem Kontinent, Friedrich Ratzel, einem dynamischen Herren, der später als Begründer der Kulturgeografie von sich reden machen sollte, und im gleichen Sommer beschaffte Lovén das nötige Geld, um ihn nach England zu schicken, wo er einige Zeit bei John Edward Gray arbeitete, dem legendären Vorsteher der zoologischen Sammlungen im British Museum, der ansonsten als früher Philatelist in die Annalen eingegangen ist. 1840, sehr früh, um genau zu sein: Schon an dem Tag, als die erste Briefmarke der Welt, *Penny Black*, herauskam, kaufte Gray am Tag der Herausgabe mehrere Exemplare, um sie zu sammeln.

Im Gegensatz zu Stuxberg, Strindberg und den anderen Säufern in Uppsala legte Eisen sein Examen ab, wie es sich gehörte, im Mai 1873, und nahezu gleichzeitig wurde er im Fach Zoologie zum Dozenten ernannt. Er war fünfundzwanzig Jahre alt und stand auf der Schwelle zu einem Abenteuer. Eine Forschungsreise nach Boston und danach weiter nach Kalifornien. Zwei Jahre, nicht mehr. Dann konnte er übernehmen. Es lief wirklich alles wie am Schnürchen.

*

In der Zeitung stehen wirklich seltsame Dinge. An manchen Tagen passiert so gut wie nichts, aber die Spalten müssen trotzdem mit etwas gefüllt werden, irgendwas, und ich schätze, so ging es wohl zu, als ich selbst zum ersten Mal in der Zeitung stand. Ein Zufall. Eines Morgens im Juli 1968 stand der Artikel im *Västerviks-Demokraten*. Die Schlagzeile lautete: »Junge mit Glück fing mit geliehener Angel zwei Hechte.« Sowohl ich als auch die beiden Hechte sind auf dem Bild zu sehen. Der Beruf des Journalisten muss zuweilen ein Alptraum sein.

Aber es stimmt schon, ich hatte Glück. Das habe ich immer noch.

Wir waren mit einem alten Fischkutter namens Ringskär unterwegs gewesen, der jeden Sommer zur Zeit des alljährlich stattfindenden Liederfestivals auf Slottsholmen betrunkene Troubadoure zu einer Insel in den Schären verschiffte, zu welcher, weiß ich nicht mehr, wo sie schon bald noch betrunkener wurden und aus vollem Halse sangen, bis das Schiff zu nachtschlafender Zeit in die Stadt zurückfuhr. Auf einem dieser Ausflüge waren wir aus irgendeinem Grund dabei, die ganze Familie. Die Lokalzeitung berichtete über das Ereignis.

Auf der Insel angekommen, lief ich am Ufer eine Weile auf den Felsen herum, aber später, im Sonnenuntergang, durfte ich mir vom Kapitän des Schiffs eine Spinnangel ausleihen. Das war natürlich nett. Er zeigte mir, wie es ging, denn ich hatte noch nie eine Spinnangel in der Hand gehalten. Die Sonne war gerade untergegangen. Ich vergesse es nie. Ein Steg an einem Bootshaus in einer Bucht, deren grünlich schwarzes Wasser spiegelglatt lag. Die Wärme des Tages hielt sich noch und mit ihr auch der Duft von Teer, Tang und Schlick. Mit dem ersten Wurf fing ich einen Hecht, ziemlich groß, und kurz darauf, wie gesagt, noch einen, wenn auch kleiner. Man gratulierte meinen Eltern.

»Der Junge hat Glück.«

Einige Jahre später schaffte ich mir eine eigene Spinnangel an, aber die Zeit der Wunder war anscheinend, zumindest vorerst, vorbei, denn ich zog nicht besonders viele Fische heraus, über die ich mich hätte freuen können. Jedenfalls nichts, was der Presse eine Notiz wert gewesen wäre. Dagegen lernte ich die gut verwendbare Metapher Tiefschlag verstehen. Wenn die Nylonleine riss und der Blinker verlorenging, riss jedes Mal auch etwas in mir. Ich nahm das immer sehr persönlich. Deshalb benutzte ich fast ausschließlich kleine, leichte Spinner und winzige Blinker, die nicht so schnell sanken, sich andererseits jedoch nur ein paar Meter weit auswerfen ließen.

Ein einziges Mal besaß ich einen größeren Blinker, einen Wobbler – schon das Wort war ein Abenteuer –, der sich bereits beim ersten Wurf als wahres Wunderwerk erwies, eine Sensation. Dank seines

Gewichts und der Zigarrenform flog er fast wie ein Vogel fünfzig Meter in die Grantorps-Bucht hinaus, vielleicht sogar noch weiter. Der Wobbler segelte gleichsam in einem weiten Bogen über das Wasser, und ich war in diesem Moment glücklich und stark, denn ein solcher Wurf war mir bis dahin nicht einmal ansatzweise gelungen.

Erst als ich anfing zu kurbeln, merkte ich, dass sich die Schnur verheddert hatte und schon im Augenblick des Wurfs gerissen sein musste – übrigens ein Phänomen, dem ich später in der Malerei und in literarischen Skizzen begegnet bin. Die schönsten Würfe sind sich selbst genug, und zwar nicht trotz, sondern dank der Tatsache, dass sie für den Urheber verloren sind. Nur der Betrachter kann etwas aus ihnen machen.

Charles Darwins Autobiografie beispielsweise fliegt in meiner Bibliothek in einem solchen Bogen. Ich liebe dieses Buch, *Recollections of the Development of my Mind and Character*. Diesmal versuchte er gar nicht, irgendetwas einzufangen, wollte seinen Angehörigen nur ein wenig von sich erzählen. Vermischte Anekdoten. Nichts Besonderes. Den Text zu veröffentlichen war nie geplant gewesen, jedenfalls nicht zu seinen Lebzeiten.

10

DIE DRITTE INSEL

Man schrieb das Jahr 1873. Charles Darwin hatte sich nach Down zurückgezogen, um seinen grummelnden Magen zu pflegen und in aller Ruhe ein Buch über die Lebensgewohnheiten der Regenwürmer zu schreiben, während Gustaf Eisen, fünfundzwanzig Jahre alt, auf dem Sprung in die weite Welt war. Sein Heimatland sollte er erst gut dreißig Jahre später, 1904, wiedersehen.

Es war wieder einmal Sven Lovén vom Landesmuseum, der hinter seinen Reiseplänen stand. Eisen hatte zwar zwei Halbbrüder in San Francisco und konnte den größten Teil der Reisekosten mit Geld aus seinem väterlichen Erbe selbst bestreiten, aber organisiert hatte die Expedition wohl doch eher Lovén, der bei der Akademie der Wissenschaften Forschungsgelder beantragte und die erforderlichen Empfehlungsschreiben aufsetzte.

Ein Teil der Abmachung bestand darin, dass Eisen im Auftrag Lovéns Mollusken und anderes an der amerikanischen Westküste sammeln sollte. Auch die Professoren in Uppsala beteiligten sich gegen das Versprechen diverser Sammlungen mit einem kleineren Geldbetrag. Algen für Areschoug,

Flechten für Fries und Spinnen für Thorell; in einem Brief an seinen Freund Stuxberg berichtet Eisen sogar, dass er eines Tages auszog, um für »Onkel Liljeborg« eine Antilope zu schießen. Die besagten Briefe an Anton Stuxberg zeichnen das zuverlässigste Bild von Eisens Unternehmungen im Amerika der siebziger Jahre.

Anfangs verläuft alles nach Plan. Im Herbst hält sich Eisen in Harvard bei Boston auf, wo er von keinem Geringeren als Louis Agassiz mit offenen Armen empfangen wird. Lovén hat das Ganze organisiert. Einen besseren Start hätte Eisen kaum erwischen können.

Louis Agassiz war der bedeutendste Wissenschaftler in der Neuen Welt. Eine lebende Legende. Geboren wurde er 1807 in der Schweiz, in Deutschland studierte er Medizin, interessierte sich jedoch gleichzeitig für Zoologie und Botanik und ging bereits in jungen Jahren nach Paris, wo sein Talent von dem Paläontologen Georges Cuvier und dem Universalgenie Alexander von Humboldt erkannt wurde, die beide 1769 geboren waren. Unter ihrem Einfluss fühlte Agassiz sich zur Geologie und der Frage nach der Entwicklung allen Lebens hingezogen. Im Gegensatz zu Darwin löste er sich jedoch nie von den religiösen Vorstellungen, die einer tragfähigen Theorie im Wege standen. Trotzdem entdeckte er, dass die nördliche Halbkugel in einem früheren geologischen Zeitalter wesentlich kälter und zu großen Teilen von Gletschern bedeckt gewesen sein musste. Agassiz war viele Jahre Professor in Neuchâtel, reiste 1846 jedoch zu einer Vorlesungstournee in die USA, blieb dort und wurde binnen kurzem Professor in Boston.

Damit hatte seine Laufbahn den Zenit erreicht. Er hatte das Harvard Museum of Comparative Zoology aufgebaut und war Gründungsmitglied der amerikanischen Akademie der Wissenschaften. An Geld fehlte es ihm nicht. Wohl aber an begabten Leuten. Agassiz selbst mag ein scharfsinniger Forscher gewesen sein, aber im Großen und Ganzen hatten die Amerikaner auf diesem Feld nur wenig zu bieten. »Die Naturwissenschaften sind hier völlig in der Hand von Schaumschlägern«, wie Eisen es in einem Brief formuliert. Die Ausbildung war schlichtweg unterirdisch, und wer starke Universitäten aufbauen wollte, tat gut daran, sich in aller Welt nach vielversprechendem Nachwuchs umzuschauen.

Auftritt Gustaf Eisen. Ich glaube, Agassiz war begeistert. Der junge Schwede imponierte ihm. Vielleicht rief er sich auch die Unterstützung und Ermunterung in Erinnerung, die ihm damals von Humboldt und Cuvier zuteilgeworden war; möglicherweise war jetzt die Zeit gekommen, etwas zurückzugeben. Schon nach ein paar Wochen sah es jedenfalls so aus, als hätte Lovén ein Eigentor geschossen, als er den Mann, der als sein Nachfolger vorgesehen war, nach Harvard schickte, denn mittlerweile hatte Agassiz erkannt, dass Eisen eine echte Entdeckung war. Ihm wurde mehr Geld angeboten, als er aus Schweden bekommen hatte, falls er bereit sein sollte, auch für Harvard zu sammeln, wenn er ohnehin an die Westküste wollte. Die Hälfte der Seegurken für Stockholm, die andere Hälfte für Boston. So wurde es beschlossen.

Eisen erhielt einen großzügigen Vorschuss. Agassiz gab ihm darüber hinaus in Form von Gläsern, Grundkeschern, Alkohol und allem möglichen anderen eine Ausrüstung mit, wie man sie auf einer zweijährigen Expedition gebrauchen konnte, und ließ das Ganze über Kap Hoorn nach San Francisco verschiffen. Er legte einen dicken Köder aus, das muss man ihm lassen; Eisen platzte fast vor Stolz, als Agassiz ihm kurz vor der Abreise für die Zeit nach der Expedition eine Stelle in Harvard in Aussicht stellte – als Professor.

Dieser strebsame Sohn eines Großhändlers hat etwas. Alle wollen ihn haben. Voller Zuversicht und Eifer nimmt er den Zug nach Westen. Bei Omaha überquert er den Missouri und wundert sich über die Büffelskelette, die in rauen Mengen überall auf der Prärie herumliegen und ausbleichen. Dann geht es über die Rocky Mountains und durch die Wüsten und die Sierra Nevada nach San Francisco. Die Empfehlungsschreiben hat diesmal Agassiz geschrieben. Sie öffnen ihm alle Türen.

Zu den ersten Dingen, die in San Francisco passieren, gehört denn auch, dass Eisen in die California Academy of Sciences gewählt wird. Er schafft es vorher kaum, Guten Tag zu sagen. Andererseits ist er jetzt weit weg, und wir dürfen auch nicht vergessen, dass dies alles lange her ist. Billy the Kid trug noch kurze Hosen und San Francisco, das vor dem Goldrausch 1848 kaum mehr als eine Ansammlung von Schuppen und Zelten gewesen war, hatte seine neuen Boulevards und großen, steinernen Häuser noch nicht mit Leben gefüllt. Es war Siedlerland. Fast alles drehte sich um Geld. Nachts wachte die Bürgergarde auf den Straßen, und wenn man Banditen erwischte, wurden sie im Morgengrauen gehängt. Die Regenwurmforschung war unterentwickelt.

Dann starb, kurz vor Weihnachten und völlig überraschend, Louis Agassiz.

Es war ein schwerer Rückschlag für Eisen, aber letztlich hieß dies nur, dass er zu seinem ursprünglichen Plan zurückkehrte. Unverzüglich begann er, in der näheren Umgebung der Stadt zu sammeln und ritt zudem ins Landesinnere, wobei ihn sein Halbbruder Francis, ein Geschäftsmann, begleitete, der damals kurz zuvor ein größeres Stück Land im San Joaquin Valley gekauft hatte, in der Nähe eines Kaffs namens Fresno, in Sichtweite der schneebedeckten Gipfel der Sierra Nevada.

Eigentlich war er jedoch gekommen, um die marine Fauna zu studieren, sodass er sich im März an der Küste entlang nach Süden begab und sein Basislager seltsamerweise auf der kleinen Insel Santa Catalina Island vor Los Angeles aufschlug. Für Eisen war das nicht weiter seltsam, aber für mich.

Denn das war doch tatsächlich der Ort, an dem sich Anfang der zwanziger Jahre des 20. Jahrhunderts Gunnar Widforss, der Aquarellmaler, niedergelassen hatte. Auch er war mit dem Zug nach San Francisco gekommen und von dort auf direktem Weg nach Catalina Island weitergereist, einer damals blühenden Touristenattraktion im Besitz des Kaugummimagnaten William Wrigley. Ein mystisches Zusammentreffen, fand ich zunächst, rief mir aber schon bald in Erinnerung, welche Bedeutung es hat, einfach still zu sitzen und zu warten – auf Geschichten oder was auch immer. Früher oder später scheint alles zum selben Puzzle zu gehören.

Zu Eisens Zeit war Catalina Island jedenfalls unbewohnt. Eine Wildnis, mindestens genauso unerforscht wie Gotska Sandön, und da der Besitzer damals auf die Idee gekommen war, die ganze Insel der California Academy zu schenken – woraus auf Grund diverser Intrigen dann aber doch nichts wurde –, erschien es angebracht, einen Naturforscher mit Todesverachtung hinzuschicken, um den Ort zu inspizieren. Das war das Richtige für Eisen. Eine Insel ist immer eine Insel.

Alkohol und Grundkescher. Was kann ein Mann mehr verlangen? Bevor sich der Sommer dem Ende zuneigte, sollte Professor Lovén alles bekommen, wovon er geträumt hatte. Allein an Seeigeln trug Eisen ein ganzes Fass zusammen. Und Areschoug bekam seine Braunalgen. Die größte von ihnen, eine Art Kelp, der Wissenschaft natürlich unbekannt, taufte dieser zwei Jahre später auf den Namen *Eisenia arborea*.

Dass eine Gattung nach einem benannt wird, ist nur wenigen vergönnt. Zwei mit gleichlautenden Namen zugesprochen zu bekommen – *Eisenia* (Würmer) und *Eisenia* (Algen) – ist einzigartig. Insgesamt wurden Eisen sogar fünf Gattungen, eine Unterfamilie und eine wirklich große Zahl von Arten verehrt.

Er ging also ans Werk. »Großer Fang von allem möglichen.«

Tja, Amerikabriefe sind ein Genre für sich. Man möchte sich erfolgreich und stark präsentieren. Aber es ist nicht alles Friede und Freude auf der Insel. Er spaziert über die Strände wie Robinson und wird mit der Zeit von Einsamkeit und Heimweh gequält. Vielleicht war er eben doch nicht der ideale Sammler, nicht aus dem gleichen Holz geschnitzt wie die harten Briten – Wallace, Bates und die anderen –, die manchmal jahrelang allein mit ihren Schmetterlingskeschern und Vogelflinten in der Wildnis ausharrten.

Nichts scheint Eisen in dieser Zeit mehr am Herzen gelegen zu haben als Stuxbergs Zechrunden im heimischen Uppsala. Väterlich klingende Ermahnungen werden mit Locktönen und Ermunterung in barer Münze vermischt. Offensichtlich ist er immer noch der private Financier seines Freunds. Über einen seiner Halbbrüder zahlt er ihm einhundert Reichstaler im Monat. Im Gegenzug verlangt er nichts als ab und zu mal einen Brief. Außerdem möchte er ein fotografisches Porträt haben. Natürlich bin ich froh, dass es diese Briefe gibt. Man kann ihnen beispielsweise entnehmen, wie es dazu kam, dass Eisen ruiniert wurde. Alles verschwand über Nacht.

Aber erst wollte er in die Berge. Es war ein Abenteuer.

> »Weil ich San Franciscos trockene und gelbe Hügel, den Nebel und den Sommerwind mit Wirbeln aus Sand und Schmutz leid war, beschloss ich, kurzen Prozess zu machen, meinen Rucksack zu packen, in ein besseres Land aufzubrechen, ein Stück des Wegs dem Touristenstrom zu folgen, vielleicht zum Yosemite-Tal, sowie von dort aus den Weg in die Sierra Nevada einzuschlagen.

> Mein Ranzen war fast fertig gepackt und ich ganz darauf eingestellt, ohne Begleitung zu reisen, als ich völlig unerwartet in Dr. Fr. Ratzel aus Karlsruhe einen Reisegefährten fand. Unsere unerwartete Begegnung in einem so fernen Land versetzte uns augenblicklich in die vortrefflichste Gemütsverfassung, was für die Zukunft Gutes verhieß.«

So beginnt Eisens Reiseerzählung »Von Kalifornien nach Nevada«, 1876–77 als Feuilleton in der Zeitschrift *Land och Folk* (»Land und Leute«) veröffentlicht, die von der Gesellschaft zur Verbreitung nützlichen Wissens in Stockholm herausgegeben wurde. Die Genrebezeichnung für die über hundert Seiten lange Erzählung lautet »Naturschilderungen«, was die Sache ziemlich gut trifft.

Aber zunächst ein paar Worte zu Ratzel, also jenem Mann, nach dem Eisen zwei Jahre zuvor einen Regenwurm benannt hatte. Jetzt begegneten sie sich, rein zufällig, in einem Restaurant in San Francisco. Ratzel hatte die Würmer inzwischen ad acta gelegt und arbeitete stattdessen als Weltreporter für die *Kölnische Zeitung*. Er hatte soeben eine einjährige Reise durch die ganze USA beendet und wollte in Kürze nach Mexiko weiterreisen. Aber die Berge klangen natürlich interessant. Eisen war Feuer und Flamme. Endlich etwas kultivierte Gesellschaft.

Friedrich Ratzel (1844–1904) ist in der Wissenschaftsgeschichte ein großer Mann. Mehrere seiner Bücher werden auch heute noch gelesen, und für jeden, der sich mit Kulturgeografie beschäftigt, ist er ein geachteter Name. Gerade die Tatsache, dass er als Biologe begann, sich aber später für andere Dinge interessierte, gab seinen Theorien eine spezielle Ausformung und Beständigkeit, auch wenn dies nicht ohne Risiko war.

Die Titel seiner ersten drei Bücher sagen uns etwas über den Weg, den er nahm. *Wandertage eines Naturforschers* (1873), *Die Vorgeschichte des europäischen Menschen* (1874) und schließlich *Städte- und Kulturbilder aus Nordamerika* (1876). Also ungefähr: Ein junger Mann bricht zu einer Wanderung auf, um Würmer auszugraben und von der Natur zu erzählen, beginnt dabei, sich für die Vorgeschichte des Menschen in Europa zu interessieren, ehe er schließlich, noch keine dreißig Jahre alt, den Atlantik in der Absicht überquert, über Kulturphänomene in den USA unter besonderer Berücksichtigung der Städteplanung zu schreiben. So machte er weiter, sein Leben lang. Seine Produktion war riesig.

Das Buch über die amerikanischen Städte, an dem er schrieb, als Eisen seinen Weg kreuzte, wurde erst 1988 ins Englische übersetzt und ist eine Fundgrube für jeden, der die Amerikaner und ihre gut funktionierenden, aber oft recht langweiligen Großstädte verstehen möchte. Viele Jahre später, als Ratzel Professor in Leipzig war, prägte er einen Begriff, ein Wort nur, das unverdient seinen Ruf beflecken sollte – *Lebensraum*. Pech. Es war nicht sein Fehler, dass andere lange nach seinem Tod den Begriff ausnutzten, der sich ursprünglich auf Pflanzen und Tiere und ihre Verbreitung bezog und nicht auf Geopolitik. Hätte er geahnt, was passieren würde, er wäre wahrscheinlich bei seinen Würmern geblieben.

Nun gut, Eisen war drei Jahre jünger als Ratzel und der dynamische Deutsche hatte mit Sicherheit großen Einfluss auf ihn. Zum Beispiel fing er unverzüglich an, lange Reportagen zu schreiben, die denen ziemlich ähnlich sind, die Ratzel laufend der *Kölnischen Zeitung* verkaufte. Naturschilderungen. So etwas lässt sich immer losschlagen. Ich weiß, wovon ich spreche. Die *Västerviks-Tidningen* kaufte einst eine ganze Reihe meiner packenden Geschichten aus fernen Ländern, wodurch ich auch weiß, dass das Genre nach einer gewissen Dramatisierung verlangt. Reisenden sollte man generell nicht zu sehr vertrauen.

Aber interessant ist der Text schon. Zwei Monate reisen die beiden 1874 gemeinsam durch die knochentrockene, steppenartige Ebene und anschließend in die unzugänglichen Wälder der Sierra Nevada hinauf. Sie fahren mit Postkutschen und wandern anschließend, ehe sie schließlich zwei Pferde mieten. Alles wird bis ins kleinste Detail beschrieben. Tiere und Pflanzen und die sonstigen Naturverhältnisse, aber auch tausend andere Dinge; historische Anekdoten, Goldgräberporträts und darwinistische Spekulationen. Auch Ratzels Interesse für Städte färbt auf Eisen ab. Seine Beschreibung der Stadt Merced bezeugt dies.

> »In Amerika entstehen Städte nicht wie bei uns auf königliches Geheiß, sondern auf wesentlich simplere Art. Ein umtriebiger Mann baut eine Wasserpumpe und neben der Pumpe ein Hotel. Ein Dutzend Gaststätten sowie ein »dry goods store« entstehen in rascher Folge ringsherum und die Stadt ist geboren.

Emigranten und gescheiterte Goldgräber ziehen ein, trinken, spielen Karten, streiten und schwafeln. Die Ortschaft blüht! Jedermann versucht, möglichst viel Geld in möglichst kurzer Zeit zu verdienen, um danach heimzureisen und mit Geld in der Tasche den großen Herren zu spielen. Das Glück ist einem nicht so hold wie erwartet; die Kasse wächst nicht in dem gewünschten Tempo. Der eine oder andere Bürger ist das Junggesellenleben leid und da zufällig ein Frauenzimmer in der Nähe ist, steht dem heiligen Stand der Ehe nichts mehr im Wege. Frau X ist die Königin der Stadt und trägt zur Kultivierung der Ortschaft bei. Chinesen strömen von allen Seiten hinzu, leben in Verschlägen, waschen und bügeln, plappern und schreien, kurzum, es mangelt der neuen Ansiedlung an nichts, was verhindern würde, dass sie sich voller Stolz einen bedeutenden Ort in der großen Republik nennen kann. Eine solche Ortschaft ist Merced.«

Dies ist nur eine von mehreren Stellen in der Erzählung, an denen Eisen auf das ungesunde Verhältnis der Amerikaner zu Geld eingeht. Das ganze Feuilleton ist von großem biologischen Wissen und der Kameradschaft zweier junger Männer durchdrungen, die berühmt werden wollen, aber erst in seiner Sicht der Gewinnsucht wird der Autor als Mensch greifbar – als der einigermaßen wohlhabende Sohn eines Großhändlers mit guten Zukunftsaussichten im universitären Bereich. »Amerikas halb zivilisiertes Leben ist im Übrigen nicht nach meinem Geschmack. Keine Kunst, keine Poesie, keine Erinnerungen (und diese sind ja zuweilen die besten), nicht einmal Freiheit, einzig die hohle Wirklichkeit mit Streit, Zank und Dollars. Man muss die Natur aufsuchen, um sich heimisch zu fühlen.«

Nicht einmal, als es ihnen gelingt, den ganzen Weg bis zum Mono Lake zurückzulegen, jenem eigentümlichen Vulkankrater in der Wüste östlich des Yosemite, wo vor ihnen kaum jemals Biologen gewesen sein dürften, nicht einmal da kann er es sich verkneifen, eine kleine Moritat über Habgier zu erzählen. Die Geschichte über den Stutzen – ein Gewehr –, den jemand mitten in der Wüste weggeworfen hat, um die Bürde seines Pferds unter der Wüstensonne zu erleichtern, denn dort ist es weit zwischen den Wasserlöchern. Sie klingt wie eine Wandersage, aber das spielt keine Rolle. Mir geht es ja um den Erzähler.

Die Geschichte beginnt damit, dass ein anderer Mann die gleiche Strecke reitet und die Büchse findet. Es ist ein wertvolles Mausergewehr, nichts, was man einfach liegen lässt, also nimmt er es mit und freut sich über seinen Fund, denn noch ist er bloß eine Tagesreise im Sandmeer unterwegs. Später wird die Reise mühsamer. Einige Tage später macht das Pferd schlapp; Proviant und Wasser werden knapp und der Mann hat nur noch den Wunsch, mit dem Leben davonzukommen. Er wirft die Flinte wieder weg und überlebt.

Einige Zeit später kehrt er auf der gleichen Route zurück, hält aber dort, wo er seinen Stutzen wegwarf, vergeblich Ausschau nach ihm. Er ist fort. Erst zwei Tage später, weiter draußen in der Wüste, findet er das Gewehr im Sand. »Offenbar hatte ein anderer es gefunden, der später die gleiche Erfahrung mit

Gewicht und Wegstrecke machen und sie daraufhin wieder fortwerfen musste. In dieser Weise erzählt man sich, sei dieselbe Flinte fünfundzwanzig Jahre in der Wüste von Nevada hin und her gewandert, und es heißt, sie sei noch immer, wenn auch etwas verwittert, ständig auf Reisen.«

Diese Geschichte kennt man vermutlich in allen Kulturen, wenngleich in unterschiedlichen Versionen. Ich mag sie, wobei mir durchaus bewusst ist, dass die Moral – Reichtum ist eine Bürde – am besten all denen schmeckt, die bereits einer glänzenden Zukunft entgegengehen. Was das anbelangte, war Eisens Glück schon bald aufgebraucht.

> Als er an einem sonnigen Nachmittag im Juni in den Kleinen Börsensaal hinaufkam, wimmelte es dort bereits von Menschen. Es war eine grandiose Versammlung. Staatsmänner, Schöngeister, Gelehrte, militärische und zivile Beamte höchsten Ranges; Uniformen, Fräcke, Ordenssterne, Kommandeurschärpen, alle hier versammelt von einem einzigen großen, allgemeinen Interesse, der Beförderung jener menschenliebenden Institution, die Seeversicherung genannt wird. Und es erfordert große Liebe, um sein Geld für notleidende Mitmenschen zu riskieren, die das Unglück getroffen hat, und hier gab es Liebe; so viel Liebe hatte Falk nie zuvor an einem Ort versammelt gesehen!«

Ja, *Das rote Zimmer* (1879) ist eins der amüsantesten Bücher, die je in schwedischer Sprache geschrieben wurden; Strindberg durchschaut alle Ränke und Spektakel und lotet die tiefsten Passionen der Menschen aus. Im Kapitel »Die Seeversicherungsgesellschaft Triton« verwandelt er den uralten Traum von Einkünften ohne Arbeit in eine schwarze Farce. Eine Spekulationsblase; manchmal scheint die Zeit stehen geblieben zu sein.

In der Wirklichkeit hieß das Unternehmen Seeversicherungsaktiengesellschaft Neptunus, und in dieser Firma steckte bei ihrem Konkurs aus Gründen, die sich wohl nur Großhändlern erschließen, Eisens gesamtes Erbe. Nur tausend Kronen konnten gerettet werden – und von diesem letzten Geld schenkte er Stuxberg achthundert, der die Summe wahrscheinlich stehenden Fußes in der Gesellschaft fröhlicher Freunde versoff.

Ich habe so etwas auch früher schon gesehen. Wohlwollen ist gar nicht so leicht.

Wer lieber gibt als nimmt und anderen den Weg ebnet, bleibt dafür nicht unbedingt in Erinnerung. Vielmehr ist es wohl leider so, dass selbstlose Menschen eher Gefahr laufen, in Vergessenheit zu geraten. Als Stuxberg einen Tausendfüßler nach Eisen benennen will, rät dieser entschieden ab. Sie stünden sich zu nahe, findet er. Das könne falsch verstanden werden, so als wäre dies seine Absicht beim Sammeln. »Nichts«, schreibt er, »ist wohl hässlicher als Selbstvergötterung.« Was zumindest einiges darüber aussagt, wie sehr er die Viecher schätzte, die er fand, indem er in Baumstümpfen stocherte und Steine umdrehte. Sie waren jedenfalls gratis.

Geld für die Heimreise hatte er dagegen nicht, nachdem sich sein Erbe in Luft aufgelöst hatte, sodass er frühzeitig von der typisch amerikanischen

Krankheit angesteckt wurde, die sich in dem Bestreben äußert, in möglichst kurzer Zeit ein Vermögen zu machen, um danach finanziell unabhängig zu sein und seelenruhig all die anderen Dinge tun zu können. Parallel zu seiner Karriere als Regenwurmsystematiker, die weniger einträglich gewesen sein dürfte, verlegte er sich deshalb in Fresno darauf, Wein anzubauen.

11

DER UNTERIRDISCHE GARTEN

Wir flogen nach San Francisco, es war ein Tag im September, und mieteten gleich am Flughafen einen Ford Mustang, ein himmelblaues V6 Cabriolet; wir öffneten das Verdeck und reisten anschließend auf schnurgeraden Landstraßen gen Osten, in Richtung Berge, das Radio voll aufgedreht, bei strahlendem Sonnenschein.

*

Ich bin nicht dumm. Ich weiß, wo die Grenze ist. In unserer Zeit, in der sich die Klimakatastrophe in praktisch allen Gesprächen über die Zukunft zu einer übergeordneten Wahrheit entwickelt hat, kann man so etwas nicht machen, es sei denn, man hegt den Wunsch, lediglich als Provokateur in Erinnerung zu bleiben. Ich verstehe das, akzeptiere es aber nicht. Lassen Sie uns deshalb kurz über Überzeugungen sprechen. Den Glauben. Wir kommen ohnehin darauf zurück, später. Die Frage des Ökosystems unseres Planeten – die Wälder, die Meere, das Klima – ist zu einer Religion geworden, wenn diese auch weltlich ist und eher auf Wissenschaft als auf uralten Sagen über Götter fußt. Es ist eine gute Religion, besser als eine von den alten. Keiner freut sich mehr darüber als ich, dass es am Ende so gekommen ist. Die spirituellen Bedürfnisse der Menschen und das ewige Streben, einander anständig zu behandeln, haben seit jeher nach neuen Wegen, neuen Erzählungen gesucht. Dies ist eine. Der Kommunismus war eine andere, auch er nicht dumm, jedenfalls im Prinzip, obwohl dann letztlich doch alles schiefging.

Ich weiß nicht, was man tun muss, damit es funktioniert. Mein einziger Wunsch ist Toleranz. Religionsfreiheit, könnte man sagen. Es muss Zweifler geben dürfen, ohne dass diesen mit inquisitorischer Härte begegnet wird. In den ersten Jahrzehnten der Umweltschutzthemen konnte man sich darauf verhältnismäßig leicht einigen, denn Skeptizismus ist der wahre Lebensnerv der Wissenschaft. Erst heute, in der evangelischeren Phase, tauchen die Forderungen nach der Reinheit des Denkens und dem Glauben aller an die gleiche Sache auf. Das ist nicht gut.

Wie gesagt, ich habe kein Rezept. Alles, was ich habe, sind meine Zweifel.

Ich glaube nicht recht an diesen Klimaalarm. Bis zu einem gewissen Grad vielleicht, aber im Grunde genommen nicht. So ist es. Ich könnte wissenschaftliche Gründe dafür anführen, denn ich habe das Thema viele Jahre sehr genau studiert, verzichte aber lieber darauf und sage stattdessen, dass ich nicht glaube, denn der Zweifel ist zum Teil eine Frage des Charakters und nicht nur des Wissens. Ich wäre wahrscheinlich auch kein guter Kommunist geworden, und an Götter habe ich nie geglaubt.

An der Religion an sich ist nichts auszusetzen. Es sind die kirchlichen Tendenzen, die mich beunruhigen, diese unversöhnliche Polarisierung, in deren Folge die Worte, die ich hier, unter vier Augen, äußern kann, an öffentlichen Orten unmoralisch und provozierend genannt werden, wo es die Liturgie verlangt, dass der Skeptiker verachtet und in die Wüste geschickt wird, in der die wirklichen Idioten wohnen, die wahren Feinde des Planeten. Als gäbe es nur schwarz und weiß.

Nichts langweilt mich mehr als Provokationen. Im Privatleben mögen sie manchmal angebracht sein, aber wenn es um Kunst und Politik geht, ermüdet es mich heute nur noch, wenn man versucht, mich zu provozieren. Ich werde nicht einmal mehr wütend, wenn Leute, die unsere Welt verändern wollen oder aus anderen Gründen meine Aufmerksamkeit zu erregen versuchen, voraussetzen, dass ich so übersättigt von allem und gleichsam betäubt von Reklame und Bildern bin, dass man mich pausenlos schütteln, mit Hilfe von Übertreibungen, die an den mittelalterlichen Geistesblitz vom Fegefeuer erinnern, aufwühlen und das Fürchten lehren muss. Als wäre das der einzige Weg.

Ich möchte ernst genommen werden.

Das war es, was ich an Al Gore so schätzte. Die Rechtschaffenheit.

Ich teile seinen Glauben an das Kohlendioxid als bösen Geist unserer Zeit nicht, aber ansonsten sind wir oft einer Meinung. Man könnte vielleicht sagen, dass wir uns zu unterschiedlichen Strömungen innerhalb derselben Religion bekennen, er als Prediger auf der Bühne und ich naturgemäß eher als Zweifler hinter den Kulissen. Und natürlich könnte ich mich politisch rücksichtsvoll, taktisch klug verhalten; schweigen, nicht stören, stillsitzen und heuchlerisch erklären, dass wir viel lieber eine Radtour durch Kalifornien gemacht hätten, dass uns der Mustang aufgezwungen wurde, ein notwendiges Übel. Aber diese Büßerbank ist nichts für mich.

*

Die Frau hinter dem Tresen der Autovermietung in San Francisco sah, dass wir einen Ford Mustang brauchten. Wie gesagt, ein himmelblaues V6 Cabriolet. Ihr Lidschatten ließ mich an Zierfische aus meiner Kindheit zurückdenken, Neonsalmler hießen sie. Sie lächelte und forderte uns auf, viel Spaß zu haben. Tja, und dann spielten wir Frank Zappa auf der Stereoanlage, in der Sonne.

Hey there, people, I'm Bobby Brown ...

Eisens Reportage in der Zeitschrift *Land och Folk* gehört zum Besten, was er jemals geschrieben hat. Die beiden amüsierten sich, Ratzel und er, das merkt man. Der Blick des Reisenden ist neugierig und fast alles ist für ihn neu. Sieh mal, da drüben, ein Roadrunner! Der Vogel, der ein galoppierendes Pferd abhängen kann. Der Text wächst und gedeiht; die Geschichten gehen ineinander über. Spechte, Eulen und Gemeiner Hallimasch in den Höhlen. Und die Bäume natürlich. In der Sierra Nevada wimmelt es von seltsamen Bäumen. Eichen, Kiefern, Fichten, alle Arten. Die Riesensequoia nicht zu vergessen. Makellose Schöpfungen. Fast wie eine Pilgerreise liest sich ihre Wanderung zu diesen allergrößten Bäumen der Welt.

Nur das Yosemite-Tal kann er nicht beschreiben.

> »Das wirklich Grandiose am Yosemite-Tal mit seinen senkrechten Granitwänden, seinen schäumenden Kaskaden und seinem dunklen, hohen Wald lässt sich schwerlich angemessen beschreiben, denn selbst die glänzendste Feder würde das Wunderbare dieser großartigen Natur nur schwach andeuten können. Wenn ich deshalb nun dazu übergehe, die Hauptzüge des Tals und seiner Natur zu schildern, geschieht dies allein, um dem Leser einen Grundstock für eigene Fantasien zu liefern, die zudem in ihren kühnsten Bildern der Wirklichkeit näherkommen werden als meine schwache Beschreibung.«

Meine Arbeit verhindert phasenweise ein geregeltes Familienleben, aber wenn eine Kombination von beidem möglich ist, haben wir immer umso mehr Spaß. Johanna liebt schnelle Autos, und wir hatten beide aus gutem Grund die Entscheidung bereut, nicht zum Yosemite-Nationalpark zu fahren, als wir damals auf der Jagd nach der Geschichte von Gunnar Widforss Arizona und die umliegenden Staaten durchquerten. Der Grand Canyon war sein Element, das ist wahr, und dort ist er auch gestorben. Aber im Yosemite begann er seine Laufbahn als Maler der Nationalparks.

Auch Eisen liegt in den Bergen begraben, weiter südlich, in einem anderen Park, einem Paradies, das er für die Nachwelt rettete. Deshalb hatte auch ich einen Pilgerweg zu gehen. Yosemite war nur der Anfang. Einige Tage und Nächte, gleichsam um sich an die Schönheit und das Format zu gewöhnen. Oakdale, ein Kaff in der Ebene, um sich etwas auszuruhen und eine Stacheldraht-Sammlung zu studieren, die man dort in einem Museum vorfindet; verschiedene Fabrikate von 1864 bis heute, inklusive eines Stücks elektrischen Drahts, datiert auf 1918. Man lernt nie aus.

Ich war ungewöhnlich gut gelaunt. Möglicherweise lag es daran, dass meine Aversion gegen Reisen schwächer geworden war, seit ich keine Schwebfliegen mehr sammelte. Da ich inzwischen ausschließlich Exemplare der Gattung *Callicera* sammelte, erschien mir alles wieder voller Sinn. Überschaubar. In den drei Wochen, die wir in Kalifornien verbrachten, hielt ich intensiv Ausschau – in den Bergen, rund um Fresno, Cambria, Monterey und San Francisco –, sah aber absolut nichts. Das war nicht anders zu erwarten gewesen. Auch die amerikanischen *Callicera*-Arten sind extrem selten. Man fragt sich, ob es sie überhaupt gibt.

Wir kamen gegen Abend ins Tal hinunter und bezogen ein Zimmer in dem wildnisvulgären Hotel Ahwahnee, nicht zuletzt, um die Gelegenheit zu nutzen, uns die Widforss-Aquarelle anzusehen, die dort in der Lobby hängen, seit das Haus 1927 eingeweiht wurde. Einige von ihnen waren sehr gut, andere schlechter. Auch das war nicht anders zu erwarten gewesen.

Der Yosemite-Nationalpark wurde 1890 gegründet, eine Woche nach dem Sequoia, aber schon als Eisen zum ersten Mal dorthin kam, war das Tal zu einer Touristenattraktion geworden, wenn auch nur für eine Handvoll Abenteurer mit gut entwickelter Beinmuskulatur. Heute finden alljährlich mehrere Millionen Besucher den Weg dorthin, und das zu Recht. Wir liehen uns Fahrräder und fuhren unter dem Spätsommerhimmel umher und ich muss sagen: Der Park ist genauso göttlich schön, wie ihn alle immer beschreiben oder zu beschreiben versuchen. Am besten, man hüllt sich in Schweigen. Während die Schönheit des Grand Canyons brutal und er manchmal einfach nur groß ist, begegnet man im Yosemite-Nationalpark einer Schönheit, die harmonisch und klar ist wie ein Schlusschoral am letzten Schultag.

Für Fresno gilt das genaue Gegenteil.

Diese Halbmillionenstadt in der Ebene, die unser eigentliches Ziel auf dem ersten Teil unserer Reise war, setzte sich vor nicht allzu langer Zeit und gegen harte Konkurrenz in der Abstimmung um den Titel »Least Livable City in the US« durch. Übersetzt wird daraus ungefähr die langweiligste Stadt der USA, vielleicht auch die furchtbarste. Das weckte unser Interesse. Aus Anlass der Abstimmung hatte man den Bürgermeister gefragt, was das Beste an Fresno sei. Irgendetwas musste dort doch trotz allem gut sein?

Er überlegte einen Moment und erklärte anschließend, es sei zweifellos von Vorteil, dass die Temperatur nur selten über 120 Grad steige – Fahrenheit wohlgemerkt. Für jemanden, der an Celsius gewöhnt ist, macht dies umgerechnet 48,9 Grad. Der Abend, an dem wir dort eintrafen, dürfte ein Grenzfall gewesen sein. Als Europäer nahmen wir aus alter

Gewohnheit Kurs aufs Stadtzentrum. Ein Restaurant und ein Hotel waren alles, was wir benötigten.

Seit ich 1981 während der Ausgangssperre in Liberia war, habe ich etwas Vergleichbares nicht mehr erlebt. Wir fuhren in der Abenddämmerung von der Autobahn ab und parkten mitten in der Stadt. Ein Glück, dass wir zu zweit waren, sonst hätte man sich gefühlt wie der Held in Jens Sigsgaards Kinderbuchklassiker *Pelle ist allein auf der Welt.* Keine Restaurants, keine Hotels, nichts als geschlossene Bürogebäude. Die einzigen Menschen, die wir während eines ziemlich langen Spaziergangs durch den Stadtkern sahen, waren ein paar Obdachlose und abgerissene Invaliden, die hier und da, wie in einem Horrorfilm, in elektrischen Rollstühlen auftauchten.

*

Eisen verlebte einige harte Jahre in Fresno. Zwar hielt er die ganze Zeit Kontakt zur California Academy in San Francisco und Regenwurmfreunden in aller Welt, aber die Forschungsmittel versiegten ziemlich schnell, sodass er sich gezwungen sah, von etwas anderem zu leben. Und weil Francis Eisen die Farm in Fresno vor allem als Investition gekauft hatte, und nicht zum eigenen Gebrauch, überließ er den Betrieb seinem gut zwanzig Jahre jüngeren Halbbruder.

Als sie zum ersten Mal nach Fresno hineinritten, zählte Gustaf alle Häuser, die er sah. Ställe und kleinere Schuppen eingeschlossen waren es insgesamt siebzehn Stück. So neu war diese Stadt in der Ebene, dass die Gebrüder Eisen zu ihren Gründern gezählt wurden. Und Eisen Vineyard entwickelte sich mit der Zeit zu einem Musterbetrieb. Sie begannen mit einigen wenigen Hektar Wein und einem kleineren Luzernefeld als Futter für die Pferde, aber fünf Jahre später, um 1880, umfasste die Farm über 120 Hektar. Man hatte inzwischen einen eigenen Bewässerungsstausee, eine Brennerei und große Obstgärten. Die Weinproduktion belief sich auf fast 500 000 Liter im Jahr.

Auch die Sammelleidenschaft schlug, wie immer, neue Wege ein. Eisen legte einen Rosengarten an, der am Ende 140 verschiedene Sorten enthielt, und besaß ein privates zoologisches Museum, in dem Echsen, Schlangen, Frösche, Säugetiere und alles mögliche andere vertreten waren. In seinen Briefen an Stuxberg erzählt er von seinen Anpflanzungen von Bananen, Oliven, Baumwolle, Orchideen und Narzissen. Weinstöcke importierte er aus der ganzen Welt; er behauptete, hundert verschiedene Traubensorten anzubauen.

Ständig experimentierte er, anfangs vor allem mit Tabak. Das schien eine vielversprechende Branche zu sein. Gemeinsam mit einem Schwager pflanzte er zehn Hektar an, aber das Klima war zu trocken und der Reichtum blieb aus. Besser erging es ihm mit den Rosinen.

Die Idee stammte von einem seiner Freunde in Fresno, einem katholischen Pfarrer, einem Engländer namens John Bleasdale, dessen Geschichte sich in Kurzform so zusammenfassen lässt, dass er lange in Australien lebte und dort seelenruhig als

Pfarrer wirkte und ein korrespondierendes Mitglied der Linnean Society sowie Züchter diverser Weintrauben war, bis die kirchlichen Behörden im Land, der verlängerte Arm der Kurie, könnte man sagen, dafür sorgten, dass er zwangsversetzt wurde – nach Kalifornien –, weil Vater Bleasdale in seiner Freizeit regelmäßig mit dem Erzbischof von Melbourne zechte, der ein Alkoholproblem hatte. Auf die Art landete er in Fresno und auf seinen Rat hin begann Eisen, Trauben aus Australien zu importieren, die für die Rosinenproduktion geeignet waren.

Die ersten kommerziell gezüchteten Rosinen im San Joaquin Valley kamen von Eisen Vineyards. Es sieht aus wie ein Glückstreffer, war aber wohl eher das Ergebnis von Eisens Experimentierfreude, gepaart mit seiner wissenschaftlichen Schulung. Anfangs gab es wie beim Tabak zahlreiche Rückschläge, aber er rackerte weiter und arbeitete sich hoch. Ein paar Jahre später kaufte er in Fresno eigenes Land, startete eine Baumschule – Fancer Creek Nursery – und wurde in den achtziger Jahren des 19. Jahrhunderts ein tonangebender Mann in der kalifornischen Gartenbaubranche. Lange Jahre war er Gartenkolumnist in einer Reihe von Zeitungen und Zeitschriften und schrieb hunderte von Artikeln.

Er hätte an dieser Stelle als einer von zahllosen Einwanderern verschwinden können, aber er hatte weiterreichende Pläne, als nur ein ordinärer Farmer zu sein. Vielleicht wollte er berühmt werden, ich weiß es nicht, oder er hatte einfach eine Unruhe im Körper, die ihn weitertrieb. Schon Anfang des Jahrzehnts brach er zu langen Reisen auf, als Erstes nach

Guatemala, und der Züchter in ihm verwandelte sich im Laufe der Jahre immer stärker in einen Theoretiker. Niemand wusste mehr über die Erzeugung von Rosinen als er, niemand auf der ganzen Welt, aber statt zu bleiben und ein vermögender Rosinenkönig zu werden, verkaufte er sein Land und sammelte all sein Wissen in dem Buch *The Raisin Industry* (1890) – das wirklich von allem handelt, von der Kulturgeschichte der Rosine und ihrem Auftauchen in der Literatur (Shakespeares *Henry IV*) bis hin zu Rezepten für Rosinenmarmelade. Später wiederholte er sein Bravourstück in einem zweiten Buch über die Feigenbranche – *The Fig* (1901) –, aber damit greifen wir den Ereignissen wieder einmal voraus.

Vielleicht aber auch nicht. Eisens Laufbahn als Zuchtexperte verläuft teilweise parallel zu seiner zoologischen Forschung in San Francisco. Die von ihm gewählten Themen sind eng eingegrenzt und seine Schriften erfordern Leser mit Spezialinteressen. Eine einfache Chronologie greift in seinem Fall nicht. Es gibt zu viele dunkle Punkte.

So bleibt es ein Rätsel, warum er Anfang der achtziger Jahre das Weingut seines Bruders in Fresno verließ und nach Guatemala reiste. Er selbst hat verschiedene Versionen der Vorfälle erzählt. Offiziell brauchte er eine Luftveränderung, um einen Anfall von Malaria auszukurieren, aber in privateren Zusammenhängen ist deutlich geworden, dass er sich wohl eher mit anderen auf der Farm uneinig war, wie der Betrieb am besten geführt werden sollte.

Ich glaube, er war deprimiert.

»Im Moment sieht es ziemlich düster aus.«

Seine Freundschaft zu Anton Stuxberg war seit langem tot. Trotzdem schreibt er ihm ein letztes Mal, im Februar 1881. Es ist ein trauriger Brief. Von Dritten hat er gehört, dass Stuxberg frisch verlobt und zu Geld gekommen ist. Er selbst befindet sich in »sehr schlechten Verhältnissen«. Und zum ersten Mal in all den Jahren ist er es, der um Geld bittet. Er bekommt nicht einmal eine Antwort. Ich denke, er wollte einfach weg. Er war vierunddreißig Jahre alt. Was hatte er eigentlich erreicht?

Aus irgendeinem Grund kannte er jedoch einen abgesetzten mittelamerikanischen Präsidenten – welchen weiß ich nicht –, der inzwischen in Kalifornien lebte und in der Hoffnung intrigierte, die Macht in seinem Land zurückerobern zu können. Eisen scheint, eventuell angetrieben von der Hoffnung, Geld zu verdienen, in dieses Ränkespiel hineingezogen worden zu sein. Jedenfalls bekam er durch diesen Mann in Guatemala Kontakte an höchster Stelle. Dies könnte der Grund gewesen sein, dorthin zu reisen. Das Ganze ist, wie gesagt, ein wenig undurchsichtig. Im Januar 1882 ging er in San Francisco an Bord eines Schiffs gen Süden.

*

Lange und gründlich; über ein Jahr durchquerte Eisen Guatemala, meistens zu Fuß, und sammelte wie üblich alles, was ihm in die Finger kam. Seine Expedition ist gründlich dokumentiert in drei langen Reiseerzählungen, veröffentlicht 1886 und 1887 in der Zeitschrift *Ymer*, herausgegeben in Stockholm von der Gesellschaft für Anthropologie und Geografie. An gleicher Stelle wurde zehn Jahre später auch der Aufsatz »Eine Reise nach Baja California und Sonora« abgedruckt.

Ich erwähne dies aus Scham.

Diese Erzählungen, die letzten, die Eisen auf Schwedisch schrieb, berühren mich nämlich nicht sonderlich, und dafür schäme ich mich. Als wäre ich nicht richtig bei der Sache oder, noch schlimmer, als nutzte ich Eisen bloß als ein Spalier, an das ich mich mit meiner eigenen Geschichte klammern kann, die mich, fürchte ich, mehr interessiert. Diese Erkenntnis oder allein schon der bloße Verdacht ist unerträglich.

Aber was soll man machen? Es gab tatsächlich nur eine einzige Textstelle, bei der ich ganz bei der Sache war.

> »In der Abenddämmerung schien die gesamte Natur voller Leben und Feuer zu sein, und vielgestaltige Glühwürmchen summten durch die Luft; mal flammten sie flüchtig auf wie elektrische Funken, mal schwebten sie mit anhaltendem Licht vorbei. Das größte dieser Glühwürmchen, oder »lucernas«, wie sie hier genannt wurden, war ein großer Käfer *(Elater)*, mehrere Zoll lang, der mit einem Licht an jedem äußeren Rand der Deckflügel leuchtete sowie mit einem anderen von deutlich gelberer Färbung an der Unterseite. Ich sammelte einen ganzen Haufen davon in meinem Netz, das nach der Heimkehr an die Seile meiner Hängematte gebunden wurde, wo sie mir buchstäblich den Weg ins Bett leuchteten.«

Ford bugs. So werden diese Käfer auf Englisch genannt, weil sie aussehen wie nächtliche Autos mit zwei vorwärtsgerichteten Lichtern und einem gelberen Rücklicht. Ich habe sie selber nie gesehen, war jedoch einmal mit dem Problem konfrontiert, den Namen übersetzen zu müssen. Ford bugs. Ich brauchte nicht lange nachzudenken, bis mir eine Lösung einfiel. Käfer-Käfer.

Ich übersetze nicht mehr. Schäme mich aber immer noch, wegen des Leichtsinns, unter anderem.

*

Bei Herbstbeginn ist Fresno wie eine Halbwüste. Eisen beschrieb die Gegend als eine Steppe, in der nur bei intensiver künstlicher Bewässerung Obst angebaut werden konnte. Die Landschaft an sich gibt nicht viel her und Eisens eigenes Land wurde noch vor der Prohibition in den zwanziger Jahren, die viele Weingüter unrentabel machte, in einen Golfplatz umgewandelt.

Wir fanden schließlich ein Hotel und irrten am nächsten Tag am Stadtrand umher, weil wir hofften, einen der Eukalyptusbäume zu finden, die Eisen gepflanzt haben soll, aber die Hitze war so unerträglich, dass wir nur ungern unser Auto verließen, und da der Besuch der Stadt uns auch ansonsten sinnlos erschien, beschlossen wir, in die Berge zurückzukehren. Ich hatte mich gerade mit der Karte zurückgelehnt, die den Weg zum Sequoia National Park beschrieb, hundert Kilometer in südöstliche Richtung, als sich unsere Pläne plötzlich änderten.

Johanna fiel ein Schild ins Auge, woraufhin sie eine Vollbremsung machte, und zwar mitten in einem Industriegebiet, das selbst an den örtlichen Maßstäben gemessen ungewöhnlich trostlos wirkte. Trotzdem hatte sie Gefallen daran gefunden, Schilder zu lesen, als wäre der Verkehr nicht schon anstrengend genug gewesen, und nun hatte sie eins entdeckt, das verkündete, hier lägen The Forestiere Underground Gardens. Auf einer kleineren Tafel stand des Weiteren, dass in einer halben Stunde eine Führung stattfinden würde. Dieser Ort entpuppte sich als Träger einer Geschichte, und obwohl ich mir nicht ganz sicher bin, wovon sie eigentlich handelt, glaube ich, dass sie uns etwas über Fresno erzählt. Vielleicht auch über das Exil und die Einsamkeit.

Baldassare Forestiere (1879–1946) war ein armer Einwanderer aus Sizilien, der Anfang des 20. Jahrhunderts nach New York kam, wo er ein paar Jahre als Schwerarbeiter schuftete, bis ihn der Traum von Kalifornien verleitete, nach Westen zu reisen. Er wollte Obstbauer werden wie sein Vater. Land kostete damals noch nicht viel und die Reklame war verlockend, sodass er seine gesamten Ersparnisse in ein paar Hektar vor den Toren Fresnos im San Joaquin Valley investierte. Voller Hoffnungen fuhr er hin – aber welches Glück währt schon ewig.

Das Land erwies sich als wertlos. An der Oberfläche wirkte der Boden durchaus fruchtbar, aber nur zwanzig Zentimeter tiefer breitete sich eine Kruste aus, die hart war wie Beton, *hardpan* genannt, ein in dieser Gegend nicht ungewöhnliches geologisches Phänomen. An Obstanbau war nicht zu denken, aber der junge Baldassare hatte kein Geld mehr, nur dieses Stückchen Land, sodass er sich einen Bretterverschlag baute und versuchte, als Tagelöhner auf den Feldern anderer zu überleben, so gut es eben ging.

Die Hitze war mörderisch. Was sollte er tun?

Vielleicht erweckte sein Heimweh die Erinnerung an die herrliche Kühle im Weinkeller seiner Kindheit auf Sizilien zum Leben. Jedenfalls begann er zu graben. Als er die harte Kruste einmal überwunden hatte, ging es erstaunlich leicht; binnen kurzem hatte er einen hervorragenden Keller, in dem er seine Lebensmittel und seinen billigen Wein lagern konnte. Es war wirklich angenehm kühl dort unten, sodass er zusätzlich noch eine kleine Küche und ein Esszimmer aushob. Später kam ein Schlafzimmer dazu. Gefolgt von einem Brunnen und einem Fischteich.

Als Nächstes entdeckte er, dass man dort unten, einige Meter unter der Erdoberfläche, etwas anpflanzen konnte. Die Erde war fruchtbar, und es herrschte eine gleichmäßige Luftfeuchtigkeit; im Sommer war es kühl und im Winter mild. Man brauchte nur brunnenartige Schächte einzuziehen, in denen die Obstbäume in die Höhe wachsen konnten. Angespornt von seiner Entdeckung fuhr er Jahr um Jahr fort, seinen Bau zu erweitern. Tja, und dann konnte er einfach nicht mehr aufhören. Vierzig Jahre machte er weiter, sein ganzes Leben, und am Ende hatte er ein fantastisches Labyrinth aus ungefähr hundert Räumen erschaffen, großen und kleinen, die durch gewundene Tunnel und gemauerte Gewölbe miteinander verbunden waren und an den tiefsten Stellen sieben Meter unter der Erde lagen. Die Gesamtfläche beläuft sich auf tausend Quadratmeter.

Johanna und ich waren die Einzigen bei der Führung. Das Enkelkind eines Bruders Forestieres begleitete uns durch das Labyrinth – das zu den schönsten Behausungen gehört, die ich jemals gesehen habe. Ohne die vielen Bäume, Zitronen und was auch alles, hätte der Eindruck von Katakomben die Schönheit größtenteils überlagert, so aber sahen wir stattdessen einen paradiesischen Garten, in dem überall Wein rankte und Blumen wuchsen, und die Bäume standen mitten in den oft runden Räumen und nur ihre Kronen ragten über den Erdboden hinaus. Das Licht sickerte zwischen den Laubkronen zu uns herab wie unter einem Ahornbaum im Mai. Große Säle, dunkle Kammern; Springbrunnen, Gemüsegärten, eine Pergola hier, eine Kapelle da, ein Schwimmbecken – ein ganzes Leben.

»War er nicht verheiratet?«

Die Frage schien unseren Führer zu überraschen.

Er wand sich einen Moment und sagte dann, nein, soweit man wisse nicht, aber, doch, doch, es habe eine Frau gegeben, die ihn allerdings verlassen habe. Sie seien damals, in ihrer Jugend, verlobt gewesen. Es wurde kurz still. Johanna verlangte nicht, mehr zu erfahren, aber er sprach trotzdem, gleichsam zögernd, weiter und erzählte, Baldassare habe bis zuletzt gehofft, dass sie zurückkehren würde. Für sie habe er alles so schön gestaltet. Aber sie sei nie gekommen.

12

DIE EICHEN RUND UM DAS GUT GRÄNSÖ

Eisen scheint kein Liebling der Frauen gewesen zu sein. Wenn doch, verbarg er es gut. Es geht mich natürlich nichts an, aber interessant ist es natürlich doch. Die Liebe kann fast alles im Leben eines Menschen erklären.

Meine Fantasie arbeitete auf Hochtouren, aber ich kam nicht weiter. Auch vieles andere blieb mir unklar. Ich hatte längst den Plan aufgegeben, Eisens Lebenslauf wie eine gerade Linie mit Anfang und Ende nachzuzeichnen, als ich eines Tages von einem Finanzmann in Los Angeles hörte, einem sehr erfolgreichen, wenn ich recht sehe, der in seinem Marketing behauptete, ein direkter Nachfahre Gustaf Eisens zu sein. Des legendären Wissenschaftlers und Sammlers, wie es in der Reklame hieß.

Der amerikanische Finanzmarkt befand sich gerade mitten in der schwersten Krise seit der Depression in den dreißiger Jahren, sodass ich mir wenig Illusionen machte, Kontakt zu besagtem Mann bekommen zu können, versuchte es aber trotzdem. Vielleicht hatten sie in seiner Firma nicht viel zu tun, es dauerte jedenfalls nur ein paar Minuten, bis auch schon ein ganzes Regiment von Presseleuten mit der Sache befasst war, allerdings ohne mir wirklich weiterhelfen zu können. Der Finanzmann selbst, der Besitzer des Konzerns, war nicht zu sprechen, aber man versprach mir, mein Anliegen vorzubringen.

Schon am nächsten Tag meldete er sich bei mir. Nichts interessiert die Amerikaner so sehr wie Familienangelegenheiten. Und die Geschichte stimmte in groben Zügen. Es kam nur darauf an, was man mit direkter Verwandtschaft meinte. Er erwies sich als Nachfahre in fünfter Generation von einem von Eisens Halbbrüdern, einem Architekten in San Francisco. Immerhin.

Wir korrespondierten einige Zeit und tauschten Informationen aus. Als wir uns ein wenig kennengelernt hatten, erdreistete ich mich, den freundlichen Herrn zu fragen, ob er möglicherweise etwas über Frauen in Eisens Leben zu berichten habe. Die Antwort ließ auf sich warten. Er hatte sich als Familienchronist vorgestellt, weshalb ich annahm, dass er erst ein wenig Ahnenforschung betreiben musste. Der Clan war groß, viele konnten befragt werden. Am Ende kam dann doch noch eine Antwort, typischerweise in einem Nebensatz.

»... ach übrigens, was die Romantik betrifft: Jemand, der ihm sehr nahestand, war Alice Eastwood. Sie war es, die in New York seine Asche für das Grab im Sequoia-Nationalpark abholte.«

Alice Eastwood! Von dieser Frau hatte ich schon gehört. Sie war einmal in Schweden gewesen, auf dem großen Botanikerkongress im Stockholmer Stadshuset 1950, als Ehrenvorsitzende, 91 Jahre alt. Schon damals eine Legende. Was für eine Entdeckung! Unverzüglich suchte ich in den Annalen nach einem der sichersten Anzeichen für wahre und echte Liebe. Tatsächlich, es stimmte. Eisen hatte einen Regenwurm nach ihr benannt. *Mesenchytraeus eastwoodi* (Eisen 1904).

*

Die Sammlungen sind zerstört. Fast alles ging verloren. Als die California Academy im Chaos nach dem Erdbeben im April 1906 niederbrannte, ging ein Lebenswerk in Flammen auf. Sehr wenig ließ sich retten. Ein Bruchteil nur, den man heute in der Schrift *Some earthworms from Eisen's collection* aus dem Jahre 1962 findet. Ein paar Dutzend Würmer in Alkohol, mehrere von ihnen bis dahin unbekannte Arten.

Als hätte jemand einen Armvoll Handschriften aus dem obersten Stockwerk einer brennenden Bibliothek hinausgeworfen. Nicht einmal ein Tausendstel.

Aber wie bei allen Erdbeben, damals wie heute, gibt es auch mitten im Inferno die Geschichte einer mirakulösen Rettung. Eine Heldensage, klassisch und schön, von einem Menschen, der sein Leben aufs Spiel setzte, um zu retten, was zu retten war. Sie hätte ihr eigenes Haus vor den Flammen schützen können, entschloss sich stattdessen jedoch, auf dem Treppengeländer im Museum sechs Stockwerke hochzuklettern, das Feuer im Rücken, um die botanische Typensammlung zu retten. Alice!

*

Alice Eastwood (1859–1953) stammte aus bescheidenen Verhältnissen im kanadischen Toronto. Ihre Mutter starb, als sie sechs war, und der Vater schickte sie zu Verwandten. Sie hatte jedoch das Glück, bei einem Onkel zu landen, der sich für Botanik interessierte und sofort anfing, ihr lateinische Pflanzennamen beizubringen. Bald darauf war die Botanik ihre Welt und schon als Jugendliche zeigte sie bei der Arbeit im Feld Proben einzigartiger Ausdauer. Manchmal blieb sie tagelang fort, allein.

Sie war im Prinzip eine Autodidaktin, was kein Hinderungsgrund dafür war, dass man sie Anfang der neunziger Jahre für eine Position an der California Academy in San Francisco auswählte. Mit den Formalitäten nahm man es nicht so genau und im Gegensatz zu anderen Lehrsitzen in Amerika versuchte man dort von Beginn an, weibliche Forscher an sich zu binden. Sie stieg schnell auf und wurde fünfunddreißigjährig Leiterin der botanischen Abteilung, eine Stellung, die sie behielt, bis sie im Alter von neunzig Jahren in Rente ging.

Ihr Einsatz nach dem Erdbeben, als sie gut 1200 Herbariumblätter mit unersetzlichen Typenexemplaren rettete, machte sie weltberühmt, aber schon lange vorher hatte sie in der Akademie eine starke Position erobert, zum einen, weil sie zahlreiche Amateurbotaniker aktivierte, vor allem Frauen, zum anderen, weil sie eine offensive Politik betrieb, wenn es um Parks und andere Grünflächen in den Städten ging. Auch beim Naturschutz war sie ihrer Zeit voraus. Ab dem Jahre 1903 gehörte sie, ironischerweise, zu den am wichtigsten eingestuften Botanikern im alljährlich erscheinenden Verzeichnis *Men of Science*.

In den neunziger Jahren arbeitete auch Eisen als Abteilungsleiter an der Akademie und war für die wirbellosen Tiere verantwortlich, sodass sie selbstverständlich einigen Kontakt hatten, aber dass sie ein Paar im heutigen Wortsinn waren, glauben nur wenige. Aber was weiß man schon?

Als Frau wurde ihr manchmal die Frage gestellt, warum sie nicht verheiratet sei, und einmal antwortete sie darauf scharfzüngig, etwas so Unpraktisches würde vermutlich nur ihrer ersten Liebe im Wege stehen, der Botanik. Eisen wurde wahrscheinlich von keinem gefragt. Ich bin mir jedenfalls sicher, dass sie sich selbst im anderen wiedererkannten. Beide hatten eine harte Kindheit hinter sich und hatten sich frühzeitig ein eigenes Universum erschaffen, als Sammler.

Befreundet waren sie, und das sicherlich sehr eng, aber sie waren Solitäre. Eastwoods Leidenschaft war die Botanik und Eisens – was seine Leidenschaft war, hat sich mir nie wirklich erschlossen. Aber ich denke nicht, dass es die Regenwürmer waren. Das Sammeln selbst vielleicht und die Systematik. Immer wieder von vorn anzufangen und etwas Neues zu lernen, war in gewisser Hinsicht bestimmt auch eine Passion. Er ist, im allerbesten Wortsinn, wie ein Kind – treulos und neugierig. Im Grunde brannte die Flamme der Leidenschaft nur bei seiner Liebe zu den uralten Bäumen das ganze Leben mit unverminderter Kraft.

Ich bin der Erste, der das versteht. Es zu erklären,

fällt schwerer. Vielleicht müssen wir einen Umweg über die Weltliteratur nehmen.

*

Wie jedermann weiß, feierte Astrid Lindgren einen ihrer größten literarischen Triumphe mit der Erfindung des sogenannten Limonadenbaums in ihrem Buch *Pippi Langstrumpf geht an Bord* (1946). Manche späteren Geschichten aus ihrer Autorenwerkstatt sprachen mich nicht in gleicher Weise an, aber ich hörte dennoch niemals auf, sie zu lieben, vor allem wegen dieses Baums.

Ein perfektes Versteck. Alle fanden Platz darin, Pippi, Tommy und Annika. Es heißt, das Vorbild sei eine riesige hohle Ulme gewesen, die heute wie ein Strebepfeiler die småländische Touristikbranche stützt, in Lindgrens Geschichte allerdings war es eine Eiche, ein riesiger Baum, in dem man sitzen und kauern und durch einen Spalt in der Rinde hinausspähen konnte. Und damit nicht genug. In diesem magischen Baum materialisierten sich darüber hinaus, wie aus dem Nichts, bei passenden Gelegenheiten Limonade und Schokokekse.

Die Geschichte faszinierte mich zutiefst. Mich störte allenfalls ein wenig, dass die Kinder keinerlei Interesse an den Käfern zeigten, die es doch im Inneren des Baums gegeben haben musste. Aber andererseits gehört das ja zu guter Literatur dazu – man muss eben auch ein bisschen selbst denken, was mir nicht weiter schwerfiel, denn auch ich bin mit Bäumen dieses Kalibers aufgewachsen.

Vor allem auf der anderen Seite des Gränsö-Kanals gab es jede Menge Rieseneichen, von denen einige morsch und hohl genug waren, um jedem für einen Moment als eigenes Zimmer zu dienen oder permanent in Besitz genommen zu werden, als heimlicher Zufluchtsort in lauen Sommernächten, wenn alles, was man benötigte, um in hohlen Bäumen lebende Schnellkäfer zu finden, viel Zeit und eine gute Taschenlampe waren. Man brauchte nur zu warten. Früher oder später passierte immer etwas Spannendes.

Wer Astrid Lindgren sehr genau liest, merkt übrigens, dass die Käfer am Ende tatsächlich anspaziert kommen, als kleine Prozession, im dritten Teil des Werks, *Pippi in Taka-Tuka-Land* (1948), und zwar als Pippi das Wort Spunk erfunden hat, das keiner versteht, nicht einmal sie selbst – bis sie und ihre Freunde nach mühevoller Suche entdecken, dass Spunk der Name eines Käfers ist, der bei ihnen daheim über den Hof krabbelt.

Das ist hübsch. Sie suchen und suchen, im weiten Umkreis, aber die Antwort ist die ganze Zeit zu Hause, direkt vor ihrer Nase.

»Oh, Vorsicht, ein Käfer«, rief Pippi.
Sie hockten sich alle drei hin, um ihn zu betrachten.
Er war so klein. Die Flügel waren grün und glänzten wie Metall.
»So ein hübscher kleiner Käfer«, sagte Annika. »Ich möchte wissen, was es für einer ist.«
»Ein Maikäfer ist es nicht«, sagte Tommy.
»Und auch kein Mistkäfer«, sagte Annika. »Und auch kein Hirschkäfer. Was das wohl für einer ist?«

Über Pippis Gesicht verbreitete sich ein seliges Lächeln.
»Ich weiß es«, sagte sie. »Es ist ein Spunk.«

Tja, und will man dann noch weiter gehen und als Literaturwissenschaftler fungieren, lässt sich die ganze Geschichte über den so inhaltsschweren Limonadenbaum zu einer der ausgeklügeltsten Metaphern der schwedischen Literatur erheben, aufgebaut wie eine dreistufige Rakete. Bereits im ersten Band *Pippi Langstrumpf* (1945) taucht nämlich der gleiche Baum auf, allerdings in Form des berühmten Sachensucherbaumstumpfs, in dessen Hohlräumen Tommy zu seinem Erstaunen ein Notizbuch mit Silberstift findet und Annika eine Halskette aus roten Korallen.

»Man findet wirklich fast immer Sachen in alten Baumstümpfen«, sagte Pippi.

Wahrscheinlich haben mich diese Bücher, die mir schon früh vorgelesen wurden, in einem solchen Maße beeinflusst, dass ich noch heute angesichts von allem, was mit alten, hohlen Bäumen zu tun hat, komplett mein kritisches Denkvermögen verliere. Sogar Ernest Callenbachs Roman *Ökotopia – Notizen und Reportagen von William Weston aus dem Jahre 1999*, der in den siebziger Jahren ein Bestseller war, übt aus diesem Grund eine gewisse Anziehungskraft auf mich aus, obwohl das Buch unter jedem anderen, nüchterneren Blick ein hoffnungsloses Machwerk ist.

Erzählt wird die Geschichte einer zukünftigen Idealgesellschaft an der amerikanischen Westküste.

Nordkalifornien, Oregon und Washington haben sich von den Vereinigten Staaten abgespaltet und von der Außenwelt abgeschottet, um in fast nordkoreanischer Isolierung ein Paradies der ökologischen Art zu erschaffen. Der Journalist Will Weston schafft es, in das Land zu gelangen, und landet bald darauf in der Sierra Nevada, wo er sich sowohl in die Sequoia-Bäume als auch in die freimütige Ökotopierin Marissa verliebt.

> »Wir gerieten tiefer in den Wald. Plötzlich glitt sie geduckt um einen besonders mächtigen Mammutbaum herum und verschwand in einer Höhlung am Fuße des Baums. Ich sprang hinter ihr her und fand mich in einer Art Heiligtum wieder. Sie lag dort auf einem Bett von Tannennadeln und atmete tief und keuchend.«

Nun ja, wir müssen hier nicht ins Detail gehen. Die Umweltbewegung der siebziger Jahre hatte ihre besonderen Verlockungen, sagen wir, mitmenschlicher Art. Jedenfalls waren es weder Vögel noch Insekten, wovon sich die meisten Anhänger angezogen fühlten, und oftmals auch keine Fragen des Umweltschutzes, sondern basalere Passionen. Man muss kein Zyniker sein, um das zu sehen. Die gleiche Lust auf und Sehnsucht nach Nähe hat zu allen Zeiten politische Bewegungen getragen, religiöse übrigens auch. Das ist nicht weiter seltsam und eigentlich kein größeres Problem. Im Gegenteil.

Die Liebe zu großen Bäumen ist auch alt, allerdings nicht in den USA. In Europa gab es einen vorchristlichen Baumkult, den die Kirche nie wirklich ausmerzen konnte, aber unter den Einwanderern der Neuen Welt herrschte noch zu Eisens Zeit ein rohes Profitdenken, das in der sorglosen Zerstörung der Urwälder zum Ausdruck kam. Erst fällte man redwood *(Sequoia sempervirens)* entlang der Pazifikküste und anschließend ging man in die Berge, wo die noch dickeren Mammutbäume wuchsen – *Sequoia gigantea.* Die Redwoodbestände an der Küste erstreckten sich über große Flächen und waren seit dem 18. Jahrhundert bekannt, während die Mammutbäume, die erst 1852 entdeckt wurden, nur in kleinen, vereinzelten Gruppen in der Sierra Nevada wuchsen. Sie waren von Anfang an selten. Und, wie gesagt, groß. Wie groß, lässt sich schwer beschreiben. Die Stammscheibe mit 2400 Jahresringen von einer im Sturm entwurzelten Sequoia, die Eric Hultén in seiner Zeit als Direktor des Naturhistorischen Landesmuseums nach Schweden verschiffte, um sie im Foyer auszustellen, hat einen Umfang von gut zwölf Metern. Diese Scheibe lässt niemanden unberührt; allein schon zu wissen, dass sie von Hand zugesägt wurde, stimmt einen nachdenklich. Trotzdem pflegt man die Größe traditionell mit einer anderen, sehr amerikanischen und lupenrein symbolträchtigen Geschichte zu illustrieren, und zwar über den größten Baum, den man zerstörte.

Als er gefällt wurde, hatte er einen Umfang von neunundzwanzig Metern. Dazu kam es bereits 1853, kurz nach dem Goldrausch. Auf seinem Stumpf baute man eine Tanzfläche – auf der sechzehn Paare gleichzeitig Platz fanden. Ergänzt um eine nicht zu kleine Tanzkapelle.

Wir fuhren natürlich hin.

Deutlich zu viele frische Bärenspuren auf dem Weg hatten uns am Morgen zu der Überzeugung gelangen lassen, dass man den Mount Eisen ebenso gut aus der Ferne betrachten konnte. Hinzuwandern erschien uns unnötig. Der Berg ist über 3700 Meter hoch, sodass er weithin sichtbar ist, wo immer man sich aufhält. Übrigens hätten wir sein Grab ohnehin nicht gefunden – ein einfaches Kreuz nur, weiß der Himmel wo. Also faulenzten wir stattdessen zwei Tage auf der Hotelterrasse und genossen die frische Herbstluft, denn nach dem Wüstenerlebnis in Fresno hatten wir uns nun in großer Höhe im Nationalpark einquartiert.

An dem Morgen, an dem wir uns zu General Sherman begaben, war der Erdboden von Raureif bedeckt. Er heißt so, der größte Baum der Welt.

Und was kann man über ihn sagen?

Nicht viel mehr, nur so viel vielleicht, dass zwei Italiener, die vor uns den kurzen Weg vom Parkplatz promenierten und sich nach Art der Italiener unterhielten und gestikulierten, plötzlich ihre Stimmen senkten und flüsterten, als der Baumkoloss sichtbar wurde. Ungefähr so, als träte man durch die Pforten des Petersdoms. Er ist groß – und muss vor Ort erlebt werden. Das Holzvolumen dieses einen Baums beläuft sich auf etwa 1500 Kubikmeter, als wäre er ein Hochhaus. Würde man General Sherman fällen, könnte man einen noch größeren Tanzboden bauen, aber heute wäre das ein ebenso unverzeihliches Verbrechen wie das der fanatischen Taliban, die in den afghanischen Bergen uralte Buddhastatuen sprengten.

Selbst John Steinbeck fiel es schwer, die riesigen Bäume zu beschreiben, aber am Ende gelang es ihm dann doch, das Problem zu lösen. Die Textstelle lässt sich in seinem Buch *Die Reise mit Charley: Auf der Suche nach Amerika* nachlesen, einer Erzählung über eine Reise des Autors im Wohnwagen durch die USA, bei der sein einziger Begleiter sein Hund Charley war. Steinbeck war alt, berühmt und reich; er wohnte seit langem an der Ostküste, aber das Land seiner Kindheit, Kalifornien, lockte. So verschlug es ihn in die Sierra Nevada, und dann musste er mit dem Hund Gassi gehen.

> »Ich fand, dass ein Pudel von Long Island, der sein Geschäft an einer *Sequoia sempervirens* oder einer *Sequoia gigantea* erledigt hat, sich von anderen Hunden unterscheiden müsse, dass er jenem Galahad gleicht, der den Gral gesehen hat. Der Gedanke war überwältigend. Nach diesem Erlebnis würde er vielleicht auf mystische Weise auf eine andere Ebene der Existenz versetzt, in eine andere Dimension, so wie die Mammutbäume außerhalb der Zeit und unseres normalen Denkens zu stehen scheinen. Es könnte ihn allerdings auch zu einem Erzlangeweiler machen.«

In hundert Jahren ist viel geschehen. Die Liebe der Amerikaner zu großen Bäumen scheint der Liebe der Deutschen zu ihnen heute in nichts nachzustehen, eine halbreligiöse Verehrung, deren Propheten John Muir und Thoreau waren, die aber auch Praktiker wie Gustaf Eisen voraussetzte. Ohne ihn gäbe es diese Bäume nämlich gar nicht mehr. Im Yosemite möglicherweise, weiter nördlich, aber nicht hier unten in den Wäldern, die zum Sequoia National Park wurden.

Man schrieb das Jahr 1890. General Sherman hieß damals Karl Marx.

Wie kommt das? Die Mammutbäume sind in ihrer riesenhaften Gestalt so einzigartig, dass es frühzeitig Tradition wurde, sie nach berühmten Menschen zu benennen. Eisen fand selbst einen der dicksten und taufte ihn General Grant, ein Name, der bis heute Bestand hat. Der allergrößte hieß jedoch wie gesagt Karl Marx. Der Grund dafür war eine Gruppe utopisch gesinnter Anhänger des dänischen Sozialisten Laurence Grønlund (1846–1899), die sich in dieser Gegend niedergelassen hatte. Eine Sekte nach gängigem amerikanischen Modell, deren Plan es war, das Land dem Staat abzukaufen und die Bäume anschließend zu fällen. Von irgendetwas musste man ja leben. Die Sekte bestand aus etwa zweihundert Seelen; man nannte sich Kaweah Colony und meinte es ernst.

Zur gleichen Zeit hielt sich Eisen zufällig als Berater eines Landbesitzers mit Farmerambitionen in der Gegend auf. Fünfzehn Jahre lang hatte er die Sierra Nevada durchstreift, als Sammler oder auch nur, um sich von der Schufterei auf den Plantagen zu erholen, und als er nun von der Bedrohung des Sequoia-Bestands hörte, zögerte er nicht. Wie es genau zur Gründung des Nationalparks kam, weiß heute niemand mehr, denn zahlreiche Dokumente gingen beim Erdbeben verloren, aber derzeit wird intensiv geforscht und alles deutet drauf hin, dass Eisen, ganz allein, hoch pokerte und gewann.

Eindeutig belegt ist, dass er zum Thema der drohenden Abholzung in der California Academy einen Vortrag hielt, ebenso, dass er von der Akademie beauftragt wurde, einen Reservatplan auszuarbeiten und eine Karte zu zeichnen, die man den Bürokraten in Washington vorlegen konnte. Bekannt ist darüber hinaus, dass hinter den Kulissen starke wirtschaftliche Interessen eine Rolle spielten; die Southern Pacific Railway und andere Firmen hatten es auf die gleichen Wälder abgesehen wie die Kaweah Colony, und deren Macht kannte praktisch keine Grenzen. Nicht zuletzt die Akademiker in San Francisco waren ganz in den Händen der Großunternehmen.

Die von Eisen vorgestellte Karte galt deshalb schnell als inakzeptabel. Die vorgeschlagene Fläche des Parks wurde auf die Hälfte zusammengestrichen, ehe das Dokument an die Ostküste geschickt wurde. Am 25. September 1890 wurde daraufhin auch ein relativ kleiner Sequoia National Park gebildet. Nie begriffen haben die Historiker dagegen, warum der Präsident Benjamin Harrison nur eine Woche später einen weiteren Erlass unterzeichnete, der die Fläche verdreifachte, sodass der Park auch das Gebiet umfasste, auf das die Ausbeuter Anspruch erhoben.

Ich wurde vor Ort, im Park, von einem Historiker am dortigen Museum in diese Mysterien eingeweiht, und wir blieben in Kontakt und erforschten die Sache jeder für sich. Später reiste er dann nach Schweden, als sich herausgestellt hatte, dass Kopien von Dokumenten, die in San Francisco fehlten, in Eisens Nachlass in Uppsala lagen. Erst im Frühjahr 2009 waren Papiere aufgetaucht, die belegen, dass Eisen so enttäuscht und vielleicht auch wütend geworden war, als die Handlanger der Millionäre seinen Vorschlag reduzierten, dass er eine zweite Karte mit dreifacher Fläche zeichnete und anschließend auf eigene Faust handelte, im Verborgenen, über Kontakte in Washington.

Sequoia war der zweite Nationalpark der USA, nur der Yellowstone ist älter. Er ist fast so groß wie der Sarek-Nationalpark im schwedischen Lappland. Erst heute, 120 Jahre später, sieht es ganz so aus, als könne sich der Nebel, in den seine Entstehung gehüllt ist, lichten. Eisen selbst machte nie viel Aufhebens um seine Rolle in diesem Drama; ich denke, für ihn war die Sache wichtig und die Liebe, nicht aber die Ehre. Nach seinem Tod strichen jedoch andere ihre bescheideneren Beiträge zu seinen Lasten heraus. Das ärgert mich.

*

Auch meine Riesenbäume auf Gränsö stehen mittlerweile unter Naturschutz. Wie es dazu kam, weiß ich nicht genau. Wahrscheinlich lag es am Zeitgeist. In den letzten fünfunddreißig Jahren ist viel passiert. In den Siebzigern, als da draußen kaum jemand wohnte und das Gutshaus leer stand und verfiel, wurden gedankenlos Riesen gefällt, die viele hundert Jahre alt waren. So etwas passiert heute nicht mehr. Das Gebiet ist umfassend erschlossen worden; ganze Häusersiedlungen sind entstanden und das Gutshaus sieht wieder aus wie neu. Der zugewachsene Dschungel, den ich früher mehr oder weniger für mich alleine hatte, ist jetzt wieder ein gepflegter Park, und interessanterweise sind die Bäume einfach deshalb besser geschützt, weil dort Menschen wohnen. Dass die Leute, die heute an der Macht sind, als Kind Astrid Lindgren gelesen haben, spielt sicherlich auch eine Rolle.

Die Eichen rings um Gut Gränsö, die noch nicht hohl sind, sondern nur alt und groß, sind so stabil wie Säulen aus Beton. Als beispielsweise der Arzt, Filmemacher, Kriegsheld und Abenteurer etc. Kit Colfach (1923–2002) das Zeitliche segnete, indem er gegen eine von ihnen fuhr, blieb in der Rinde nur eine Schramme zurück. Von seinem Auto war dagegen nicht mehr viel übrig.

Wenn ich an diesem Baum vorbeikomme, denke ich jedes Mal an Colfach und hoffe, dass eines schönen Tages irgendwer Lust bekommt, seine Geschichte zu erzählen. Ich selbst kann es nicht übernehmen. Er war der beste Freund meines Vaters und stand uns zu nahe; er war wie ein unvorhersehbares Wetterphänomen.

Er stammte aus Dänemark und hatte ursprünglich einen relativ farblosen Namen, landete während der deutschen Besatzung jedoch irgendwie im dänischen Widerstand, vollbrachte bemerkenswerte Heldentaten und geriet in Gefangenschaft, dann gelang ihm die Flucht nach Schweden, wo er sesshaft wurde. Ich nehme an, Kit Colfach war ganz einfach sein *nom de guerre*, und er passte auch wirklich zu ihm, denn er war einer der barocksten Menschen, die ich je gekannt habe. Sobald er über unsere Türschwelle trat, was dauernd geschah, kam alles andere zum Erliegen. Er war elegant und selbstsicher, unerträglich charmant und erging sich in einer Prahlerei, die keine Grenzen kannte. Sein Repertoire war gleichwohl ziemlich berechenbar; befanden sich Unbekannte im Raum, feuerte er eine ganze Breitseite von Geschichten aus dem Krieg oder über etwas anderes Abenteuerliches ab, meistens von der Kon-Tiki-Expedition, an der er zwar überhaupt nicht teilgenommen hatte, aber trotzdem. Wenn ich mich recht erinnere, hatte er dankend abgelehnt, als Thor Heyerdahl ihn um seine Mitarbeit bat. Oder er erzählte haarsträubende Insidergeschichten aus Hollywood. Er war immerhin Filmemacher. In späteren Jahren glänzte er zudem mit pointenlosen Anekdoten von den Kreuzfahrtschiffen, auf denen er in seiner Freizeit den Leibmedikus für amerikanische Millionäre spielte. Hatte man Pech, zeigte er Filme, endlose Einstellungen aus dem antarktischen Eismeer, die bei mir die Grundlage für ein aktives Desinteresse an Pinguinen bildeten.

Aber er war ein begnadeter Arzt, ein Magiker, der uns alle heilte. Hätte er sich eine Krankheit namens Spunk ausgedacht, wir hätten ihm zweifellos geglaubt. Darüber hinaus verlieh ihm die englische Königin die ehrenhaftesten Tapferkeitsmedaillen, die ein Ausländer bekommen kann. Ich sah die Auszeichnungen bei seiner Beerdigung in der Sankt-Gertruds-Kirche auf seinem Sarg. Es heißt, er sei Saboteur hinter den deutschen Linien gewesen, aber davon hat er uns nie etwas erzählt.

13

IM NAMEN DES UNSTERBLICHEN SAMMLERS

Kein Normalsterblicher erinnert sich heute noch an Gustaf Eisen. Einige Biologen haben sich, gelenkt von gezielten Fragen, an seinen Namen erinnern können, aber das ist auch schon alles. Nicht einmal die Professoren in der allerhöchsten Kaste des akademischen Regenwurmetablissements wissen etwas, das es verdient hätte, wiedergegeben zu werden, und für die Strindbergforscher bleibt er nur ein Statist, weit hinten in den Kulissen. Der eine oder andere Büchersammler hat etwas mehr gewusst, aber all diese Dinge sind kaum mehr als Bruchstücke. Er ist gleichsam völlig verschwunden. Wie konnte es dazu kommen?

Es gibt zahlreiche Mechanismen des Vergessens. Zunächst einmal wurde Eisen so alt, dass keiner seiner Freunde und Bekannten etwas über ihn erzählen konnte, als er schließlich starb, denn da waren sie selbst allesamt längst tot. Er war der letzte. Exil und Kinderlosigkeit machten es nicht besser. Vielleicht spielt es auch eine Rolle, dass er 1940 starb, mitten im Weltkrieg, als die Verfasser von Nekrologen anderes zu tun hatten, als einen Mann wie ihn zu würdigen. Er pflegte vom Krimkrieg zu erzählen. Es war eine seiner frühesten Erinnerungen, aus dem Jahre 1854, als er sieben war. In jenem Sommer wohnte er bei einer Tante auf dem Pfarrhof Harg in Uppland, nördlich von Stockholm, und er vergaß niemals den Kanonendonner, der vom Meer heranrollte, als britische und französische Schlachtschiffe die åländische Festung Bomarsund belagerten.

Ja, das Alter spielt eine Rolle, ist aber dennoch nur ein Teil der Antwort. Wenn er selbst bei dem Erdbeben untergegangen wäre und nicht seine Sammlungen, wäre er mit Sicherheit selbst heute noch berühmt, eine Art Held; oder wenn ihn die Leute hinterrücks ermordet hätten, die den Wald in Sequoia abholzen wollten. Drohungen dieser Art gab es. Aber ihm war ein anderes Schicksal beschieden.

Es gereicht ihm natürlich auch zum Nachteil, dass er immer wieder von vorn anfing, auf etwas Neues setzte. Wäre er bei seinen Leisten geblieben, als Zoologe, hätte er aller Voraussicht nach eine hübsche Karriere gemacht, wenn schon nicht in Harvard, dann am Ende vielleicht doch in seiner schwedischen Heimat, als Mitglied der Königlichen Akademie der Wissenschaften. Doch dazu kam es nie.

Außerdem ist mir noch etwas anderes aufgefallen, scheinbar eine Bagatelle, die in diesem Zusammenhang eine gewisse Rolle spielen könnte: nämlich Eisens Neigung, laufend die Schreibung seines Namens zu ändern. Ein Orientalist in Uppsala, zu dem ich Kontakt aufnahm, kannte zwar einige seiner Werke, denn dieser Mann ist sehr gelehrt, zeigte sich aber gleichzeitig erstaunt, dass diese drei Menschen dieselbe Person sein sollten – Gustaf Eisen, der Zoologe in Uppsala; Gustav Eisen, der kalifornische Landwirtschaftsexperte; sowie der Kunsthistoriker Gustavus A. Eisen in New York.

Auch mehrere Amerikaner, mit denen ich Briefe wechselte, haben sich in dieser Namensverwirrung verirrt. Tatsächlich ist es nicht einmal allen Bibliotheken gelungen, Ordnung in die Sache zu bringen, was zur Folge hat, dass die Bücher, die er schrieb, nicht ganz leicht zu finden sind.

Wir wollen deshalb seinen unberechenbaren Vornamen eine Weile vergessen und uns anschauen, was man alles aus seinem Nachnamen gemacht hat. Immerhin wurde, wie gesagt, eine ganze Reihe von Arten nach ihm benannt, Würmer, Algen und anderes. Auch eine Art, unsterblich zu werden oder wie man es nennen soll. Und weil ich schon als Kind gelernt habe, lateinische Namen zu benutzen, und damit für immer in einem sorglosen Staunen über ihre Bedeutung und Sprachmelodie gefangen bin, habe ich mir den Spaß erlaubt, eine Liste anzufertigen. Nichts geht über Listen.

Ein zentrales Verzeichnis aller Arten auf der Welt gibt es seltsamerweise noch nicht. Deshalb ist das folgende Verzeichnis aller Voraussicht nach nicht vollständig, sondern eher eine Art Beginn einer Sammlung, zusammengetragen auf jahrelangen Streifzügen durch die wissenschaftliche Literatur. Ich habe eine Art hier, eine andere dort gefunden und sie nach und nach festgehalten, anfangs nur zu meinem eigenen Vergnügen, später jedoch immer öfter in der Absicht, zum Gedenken an Eisen ein kleines Hünengrab zu errichten. Manchmal tat er mir leid, und nichts muntert einen doch so auf, überlegte ich, wie ein Verzeichnis aller Kameraden, die so freundlich gewesen sind, seinen Fleiß als Sammler und Systematiker in dieser Weise zu ehren.

Ich habe nahezu fünfzig Arten gefunden, fünf Gattungen und eine Unterfamilie, die folgende Liste bildet folglich nur eine Auswahl. Man soll es auch nicht übertreiben.

Vorab noch eine kleine Gebrauchsanweisung. Die Namen in Klammern geben die Autoren an, also jene Freunde oder Kollegen, die eine Art beschrieben und damit auch das Privileg erworben haben, sich einen Namen für sie auszudenken. *Achatea eiseni* (Vejdovsky 1877) bedeutet folglich, dass Eisen in diesem Jahr von dem später so berühmten Prager Zoologen Frantisek Vejdovsky (1849–1939) ein Regenwurm verehrt wurde.

Achaeta eiseni (Vejdovsky 1877) Wurm
Anopheles eiseni (Coquillett 1902) Mücke
Anthidiellum eiseni (Cockerell 1913) Biene
Azteca forelii eiseni (Pergande 1896) Ameise
Brachystola eiseni (Bruner 1906) Grashüpfer
Centris eisenii (Fox 1893) Biene
Clarkia eiseniana (Kellogg 1877) Gefäßpflanze
Diaptomus eiseni (Lilljerborg 1889) Ruderfußkrebs
Diplocardia eiseni (Michaelsen 1894) Wurm
Eisenia (Areschoug 1876) Braunalgengattung
Eisenia arborea (Areschoug 1876) Braunalge
Eisenia (Malm 1877) Wurmgattung
Eisenia eiseni (Levinsen 1884) Wurm
Eiseniella (Michaelsen 1900) Wurmgattung

Eiseniona (Omodeo 1956) Wurmgattung
Eisenoides (Gates 1969) Wurmgattung
Enallagma eiseni (Calvert 1895) Kleinlibelle
Erioptera eiseni (Alexander 1913) Schnake
Eukerria eiseniana (Rosa 1895) Wurm
Fridericia eiseni (Dózsa-Farkas 2005) Wurm
Hermetia eiseni (Townsend 1895) Waffenfliege
Linyphia eiseni (Banks 1898) Spinne
Mesostenus eisenii (Ashmead 1894) Puppenparasit
Pardosa eiseni (Thorell 1875) Spinne
Phacelia eisenii (Brandegee 1891) Gefäßpflanze
Ranunculus eisenii (Kellogg 1877) Gefäßpflanze
Scotoleon eiseni (Banks 1908) Ameisenlöwe
Sminthurus eiseni (Schott 1891) Springschwanz
Tantilla eiseni (Stejneger 1896) Schlange
Xenotoca eiseni (Rutter 1896) Zierfisch
Zophina eiseni (Townsend 1895) Bremse

Sein Freund Tamerlan Thorell in Uppsala war offenbar der Erste, schon 1875, mit einer Spinne, und die Aktivitäten reichen bis in die Gegenwart hinein. Noch 2005 fand jemand, Eisen habe einen weiteren Regenwurm verdient. Völlig in Vergessenheit geraten ist er offenbar also doch nicht.

Man beachte darüber hinaus, dass die beiden Gattungen *eisenia* sehr alt sind. Areschougs Braunalgen haben wir schon angesprochen, aber mindestens genauso interessant ist, dass die Wurmgattung gleichen Namens bereits im Jahr darauf von August Wilhelm Malm (1821–1882) etabliert wurde, einem Mann, der sich seinen unverwüstlichen Ruhm im Jahre 1865 sicherte, indem er einen gestrandeten Blauwal ausstopfte, der noch heute im Naturhistorischen Museum von Göteborg zu besichtigen ist. Das Ungetüm brachte ein Gewicht von ungefähr fünfundzwanzig Tonnen auf die Waage, sodass die Sache von Anfang an beeindruckend war, aber noch besser wurde es, als Malm, der eine Ader für Reklame hatte, das Innere des Wals zu einem kleineren Café umbauen ließ, in dem man sich bei einer Tasse Kaffee oder einem Gläschen Punsch eine Weile erholen konnte.

Allerdings machte schon bald das Gerücht die Runde, der Bauch des Wals sei auch für andere als nur Cafébesucher zu einem beliebten Unterschlupf geworden, und als ein Liebespaar darin in flagranti ertappt wurde, sah man sich gezwungen, das Café zu schließen – eine Geschichte, die mich übrigens in meinem hartnäckigen Verdacht bestärkt, dass naturgeschichtliche Studien in der Regel nur ein Deckmantel für etwas anderes, Wesentlicheres sind.

Oder es war nur eine sportliche Herausforderung. Man wollte es einfach im Inneren des Wals getan haben, so ähnlich, wie heute abenteuerlustige Menschen versuchen, es im Flugzeug hinzukriegen, nur um sich anschließend als vollwertige Mitglieder im sogenannten Zehntausendmeterclub betrachten zu dürfen. Simple Vergnügungen.

Da es der einzige ausgestopfte Wal der Welt war, konnte Malm einiges Geld damit verdienen, ihn der Öffentlichkeit zu präsentieren, aber es deutet alles darauf hin, dass er von einem gewissen Hochmut gepackt wurde. Nach einem unumstrittenen Erfolg in Stockholm gelang es ihm zwar, die ganze Herrlichkeit auf einem eigens dafür fabrizierten Wagen nach Berlin zu schleppen, aber als er dort eintraf, ging seine Firma schließlich in Konkurs. Die Regenwurmforschung, auf die er sich später verlegte, muss er als Erleichterung empfunden haben. Auch er korrespondierte mit Charles Darwin.

Seine mit Abstand größte Leistung als Naturforscher vollbrachte A. W. Malm jedoch schon lange vor den Würmern und dem Walspektakel in den fünfziger Jahren des 19. Jahrhunderts, als er sich beharrlich die Position als Schwedens damals größter Experte für – Schwebfliegen erarbeitete. Seine Abhandlung *Notizen über Syphici in Skandinavien und Finnland* ist immer wieder lesenswert. So kann man in ihr beispielsweise nachlesen, was sich abspielte, als es ihm am 15. Juli 1857 um sieben Uhr morgens gelang, in einem blühenden Bestand von Echtem Mädesüß neben dem Hof Torebo auf Orust in den bohusländischen Schären an der schwedischen Westküste ein Exemplar von *Callicera aurata* zu fangen.

*

Meine frühesten Erfahrungen mit den lauen Sommernächten daheim waren von tiefstem Ernst geprägt. Nie war ich so sehr Wissenschaftler wie damals, als Zwölfjähriger. Als ich in einer Julinacht mein erstes Glühwürmchen im Gras fand, war das nicht nur eine Sensation, ein Wunder der Natur, sondern für mich auch Anlass genug, in Büchern nachzulesen, wie dieser gelbgrüne Lichtschein möglich war und warum. Zu sammeln und zu wissen war alles, was ich wollte, und dabei allein zu sein, erleichterte alles. Es war nichts Besonderes daran. Was Erwachsene in diesen Nächten trieben, erschien mir vollkommen uninteressant.

Aber das war früher. Ehe ich mich versah, hatte sich alles verändert. Plötzlich war es nicht mehr mein innigster Wunsch, große Laufkäfer der Gattung *Carabus* zu fangen und lebend in einem Terrarium zu halten. Nein, nun ging es um andere Dinge. Zuallererst, als Vorbereitung, galt es, sich mit anderen Jungen zu messen, Und dann, vorsichtig, sich den Mädchen zu nähern. Eine Zeit lang spielte ich sogar Fußball, um mich auszuzeichnen. Das klappte nicht so gut.

Erst nach einigen reichlich orientierungslosen Jahren lernte ich allmählich, wie sich alte und neue Leidenschaften leidlich kombinieren ließen. Die Insekten waren und blieben eine einsame Beschäftigung, da ließ sich nichts machen, aber ich begann, mich darüber hinaus für Vögel zu interessieren. Als alter Großhändler von Nistkästen besaß ich immerhin ein gewisses Startkapital an elementarem Wissen. Aber es waren nicht die üblichen Vogelexkursionen, die mich lockten, bei denen man um fünf Uhr morgens aufstand, um kurz darauf mit einem halben Dutzend anderer Jungen frierend in der Hoffnung zusammen zu stehen, im Lilla strömmen einen Zwergtaucher zu Gesicht zu bekommen. Da konnte man genauso gut Fußball spielen. Nein, wirklich Spaß machten erst die Eulenexkursionen. Bei denen fror man zwar auch wie ein junger Hund, da die Eulen am besten im März schuhuten, aber das Tolle an ihnen war, dass auch Mädchen mitkamen.

Ich weiß nicht, warum, aber so war es jedenfalls.

Und daraufhin bedurfte es nur wenig Fantasie, um sich ausrechnen zu können, welche Möglichkeiten nächtliche Exkursionen im Sommer zu bieten haben würden. Daraufhin machte ich in Rekordzeit Karriere im Västerviker Ortsverein der Feldbiologen und bekam als Vorsitzender nahezu unbegrenzten Einfluss auf die Programmgestaltung. Nachtsänger, sagte ich, wir werden Vögeln lauschen, die nachts singen. Ich will nicht verhehlen, dass diese Entscheidung einem gewissen Kalkül entsprang.

Sowohl der Feldschwirl als auch der Sumpfrohrsänger waren in diesen Jahren auf dem Vormarsch; ihr Gesang war spannend und für uns neu. Die Nachtigall hatten natürlich alle schon einmal gehört, aber niemand war übertrieben wählerisch, und obwohl das Programmblatt nichts anderes in Aussicht stellte als den tschilpenden Ruf des Tüpfelsumpfhuhns in einem per Fahrrad erreichbaren Sumpfgebiet, erschienen dennoch ungewöhnlich viele Teilnehmer zu diesen Ausflügen. Zehn vielleicht, und alle voller Hoffnung. Was sind wir geradelt! Ziegenmelker, Wachtel und Bekassine. Ein Wiesenknarrer auf den Wiesengründen nahe Segersgärde in einer Mainacht mit Kakao in der Thermoskanne war ein nahezu erotisches Erlebnis, und sei es auch nur in dem Sinne, dass wir einen relativ hohen Puls hatten und nach den Hügeln zwischen Kuggviken und Habors Klint etwas erhitzt waren. Lange saßen wir gemeinsam in der Dunkelheit und lauschten, still.

*

Ein Mann und eine Frau sitzen sich irgendwo in einem Wartesaal gegenüber, sagen wir in einem Flughafen. Sie kennen sich nicht, sind sich noch nie begegnet. Ihre Augen kreuzen sich deshalb immer nur ganz kurz. Neugierige Blicke, flüchtig wie Schmetterlinge. Längere Zeit in den Augen des anderen zu verweilen ist unmöglich. Sie wollen schon, trauen sich aber nicht; sie sitzen einander zu nahe.

Dann ertönt plötzlich eine Stimme aus einem Lautsprecher irgendwo im Raum. Eine Verspätung wird durchgesagt oder etwas anderes. Eine Mitteilung, die beide angeht. Und während der ganzen Zeit, die man diese Stimme hört, sehen er und sie sich unverwandt in die Augen, ohne sich zu schämen. Keiner wankt. Die Töne seltener Vögel im abendlichen Dämmerlicht öffnen die gleichen Fenster. Genau wie manche Geschichten.

*

All diese Nächte sind in meinem Gedächtnis gelagert. Ein Lockruf in der Ferne oder der Duft der Waldhyazinthe im Straßengraben, alles Mögliche kann auslösen, dass sie abgespult werden wie romantische Filme, und falls auch ich einmal so unglaublich alt werden sollte, wird es sicher das Letzte sein, was ich tue: von jener Nacht in Grönhögen zu erzählen. Vermutlich wird es mir nie gelingen, aber ich werde es trotzdem versuchen.

Wir hatten den weiten Weg bis auf die Insel Öland zurückgelegt, denn mittlerweile waren wir so alt, dass einer von uns einen Führerschein hatte. Vier

Jungen. Nun ja, man sollte in Bezug auf das Vogelinteresse der Mädchen nicht zu sehr übertreiben. Längere Ausflüge mit Übernachtungen im Zelt und ansonsten primitiven Verhältnissen sind bei weitem nicht so verlockend wie Fahrradausflüge in warmen Sommernächten. Dafür muss man Verständnis haben. Ich fand auch, dass es nicht so viel Spaß machte, aber unter uns Jungen hatte sich die Neugier, als wäre dies ein unüberwindliches Naturgesetz, in einen Wettstreit darum verwandelt, wer die meisten Arten sehen würde, und dafür war Öland ein guter Ort, vor allem im späten Frühling und im Frühsommer.

Wir waren seit dem Morgengrauen auf den Beinen und mittlerweile neigte sich die Abenddämmerung ihrem Ende zu. Es war noch vor Mitternacht, aber spät. Möglicherweise hatten wir mitten am Tag auf einer Böschung unten bei Ottenby lund ein Weilchen geschlafen, waren aber dennoch so müde, dass wir schweigend gingen wie im Halbschlaf und uns mit unseren inneren Angelegenheiten beschäftigten oder mit gar nichts. Wir kamen vom Kalksteinbruch Albrunna, wo in diesem Jahr ein Drosselrohrsänger sang, und nun hatten wir gleich nördlich von Grönhögen Halt gemacht, um den Abend mit einem Schlagschwirl abzuschließen, der dort irgendwo, so ging das Gerücht, hocken sollte.

In schmalen Streifen hing Nebel über den Feldern; ansonsten gab es nicht viel zu sehen. Es war dunkel. Aber Schlagschwirle sieht man ohnehin nie. Man hört sie nur nachts, so auch diesmal, und als wir uns danach auf den Rückweg zum Auto machen wollten, vernahmen wir irgendwo im Nebel Stimmen. Wir blieben auf der Straße stehen und spähten mit unseren Ferngläsern ins Dunkel. Man sah fast nichts, aber nach einer Weile gelang es uns, einige Menschen auszumachen, die sich, langsam, vor uns bewegten; sie wateten auf dem Feld gleichsam durch den Roggen, der ihnen bis zur Taille reichte.

Zwei Kühe hatten sich auf einen Acker verirrt und nun versuchte der Bauer, wie wir später begriffen, sie mit Hilfe seiner beiden Töchter zurückzutreiben. Aber kein Lockruf half, die Tiere scheuten immer wieder vor den Mädchen, die in ihren hellen Baumwollkleidern geradewegs aus einem Ölgemälde der wirklich grauslich nationalromantischen Glanztage entsprungen zu sein schienen.

Was tut man also?

Wir halfen ihnen, die Kühe vom Acker zu treiben, und hinterher standen wir, irgendwie verlegen, am Zaun, die Mädchen und wir, während der Bauer seine Tiere nach Hause schaffte. Plötzlich sagte einer meiner Kameraden:

»In der Mühle ist heute Abend Tanz.«

Als Vogelbeobachter schärft man seinen Blick und registriert aufmerksam scheinbar bedeutungslose Details, und als wir tagsüber nach Norden fuhren und unterwegs nach Albrunna lund und zu dem Kalksteinbruch Grönhögen passierten, hatte er auf einem Plakat am Straßenrand gelesen, dass die Dorfschänke, eine umgebaute alte Mühle, für diesen Abend eine Tanzkapelle engagiert hatte. Das war schon alles, was er sagte.

»In der Mühle ist heute Abend Tanz.«

Und weil dies rein zufällig in einer Sommernacht

und ohne die leiseste Spur von Berechnung geschah, waren alle, glaube ich, gleichermaßen freudig überrascht, als wäre dies das einzig wirklich logische Ende dieses Abends. Also gingen wir hin. Das Lokal lag ganz in der Nähe. Wir hängten unsere Ferngläser auf und bestellten Bier. Ich tanzte einmal mit einem der Mädchen, obwohl ich es im Grunde weder wagte noch konnte, vor allem nicht mit Gummistiefeln an den Füßen. Viel geredet wurde nicht und von Annäherungsversuchen, die über den Tanz hinausgingen, konnte keine Rede sein. Das war alles. Hinterher erinnerten wir uns gegenseitig oft an diese Nacht, sprachen aber nie über sie, und jemandem davon zu erzählen, der nicht dabei gewesen war, kam zumindest mir niemals in den Sinn. Ich habe es immer für unmöglich gehalten, die Geschichte wiederzugeben.

*

Auch drei Jahrzehnte später werden die Vogeltürme in unserem Land größtenteils von jungen wie alten männlichen Wesen bevölkert, aber im gleichen Zeitraum hat sich der Anteil weiblicher Ornithologen dennoch vervielfacht. Die mitmenschliche Atmosphäre, die in ihrer eingeschlechtlich männlichen Exklusivität früher nahezu katholisch war, ist dadurch wesentlich angenehmer geworden. Ich wünschte, ich könnte über die Schwebfliegensammler dasselbe sagen. An den wenigen, die es gibt, ist nichts auszusetzen, überhaupt nicht, aber es sind ausnahmslos Männer. In diesem Punkt stecken wir immer noch im 19. Jahrhundert.

Irgendetwas an der Kombination von Insekten und Sammeln wirkt auf Frauen extrem abschreckend. Die Insekten selbst trifft meines Erachtens keine Schuld und das Sammeln an sich, die wahre Knopfologie, im Grunde auch nicht, sondern diese spezielle Kombination. Vielleicht liegt es aber auch einfach daran, dass Frauen gute Instinkte haben und frühzeitig den Geruch entschwundener Jahrhunderte und wohlverdient einsamer Männer wittern, die lieber Kurs auf einen Punsch als auf Poesie nehmen. Sie stellen zwar nicht mehr die Mehrheit, aber es gibt sie noch. Das zu leugnen, wäre Unsinn.

Es gibt in diesem Zusammenhang eine zugleich komische und tragische Geschichte, die diese Form von Männlichkeit widerspiegeln kann. Man muss sie allerdings nicht so erzählen. Sie könnte ebenso gut als Pendant zu den Ausführungen darüber dienen, wie lateinische Namen niederer Tiere in der Lage sind, die Erinnerung an einen Menschen zu verewigen. Das funktioniert nämlich auch umgekehrt. Der Name eines Menschen kann sogar ein Insekt so berühmt und begehrt machen, dass die Art bis an den Rand der Ausrottung gesammelt wird. Lassen Sie uns deshalb kurz über den seltenen Käfer *Anophthalmus hitleri* sprechen.

Ein Name hat ewig Bestand. Ist zu Anfang alles mit rechten Dingen zugegangen, kann er nicht mehr geändert werden. In dieser Hinsicht sind die internationalen Reglements sehr streng.

Alles kann nach jedem benannt werden. Im Grunde sind es wahrscheinlich bloß Götter und Gleichgestellte innerhalb der etablierten Religionen, die nicht akzeptiert werden. Das kann man verstehen. Eine Filzlaus, die nach dem falschen Propheten getauft wird, könnte sich zu einem Alptraum entwickeln. Politiker eignen sich dagegen ganz hervorragend, und so kam es, dass ein deutscher Entomologe eines schönen Tages im Jahre 1933 in Slowenien auf die Idee kam, einen bisher unbekannten Käfer nach Adolf Hitler zu benennen. Als Huldigung. Der Käfer war zwar blind; ein blassbrauner Laufkäfer, kaum größer als eine Ameise, der in ständiger Dunkelheit lebt, tief unten in den labyrinthischen Tropfsteinhöhlen der slowenischen Berge. Aber eine Ehre war es trotzdem, und der Führer soll sich sehr geschmeichelt gefühlt haben.

Nun gut, damit könnte die Geschichte enden. Ein Kuriosum. Wenn da nicht noch das Problem der einsamen Männer wäre, die seltsame Dinge sammeln.

Anophthalmus hitleri ist heute nur deshalb vom Aussterben bedroht, weil gewissenlose Wilderer, die in diesen stockfinsteren Höhlensystemen mit Stirnlampe und Pinzette herumrobben, die Käfer für tausend Euro das Stück verkaufen können, tot, auf eine Nadel gespießt, und zwar an jenen Typ von Fetischisten, der sein Leben damit verbringt, alten Zeiten nachzutrauern und antike SS-Bajonette und andere Dinge aus einer Zeit zu sammeln, in der ein ganzer Kontinent in Dunkelheit gehüllt lag. Das Ganze ist so weit gegangen, dass die slowenischen Behörden an den Eingängen der Höhlen mittlerweile bewaffnete Wächter postieren. Ach ja.

14

EIN MYSTERIÖSES GEMÄLDE STRINDBERGS

Eisens Talent und Hartnäckigkeit als Sammler kann als Erklärung für seine Erfolge als Wissenschaftler dienen. In dieser Beziehung erinnert er an René Malaise auf der Jagd in den Dschungeln Burmas. Unermüdlich bahnt er sich einen Weg durch das Terrain und sammelt alles, was ihm ins Auge fällt, wo immer er sich aufhält. Im Grunde lässt er wohl nur Vögel und andere höhere Tiere in Frieden – aus ethischen Gründen. Er findet, dass sie zu intelligent sind.

Ein Brief spricht Bände. Er wurde 1894 von einem Experten für Libellen geschrieben und bezieht sich auf eine Sammlung aus Mexiko, die Eisen ihm zur Artbestimmung zugeschickt hat. Wir sprechen wohlgemerkt von einer kleinen, artenarmen Insektenordnung. Trotzdem stellt sich heraus, dass die Lieferung 1500 Exemplare aus 53 Arten umfasst, von denen acht zuvor unbekannt waren. Der Briefschreiber wird später eine Kleinlibelle nach Eisen benennen – der weitermacht, unermüdlich, und Paket auf Paket mit Tieren und Pflanzen an Kollegen in ganz Amerika schickt, und ich glaube, wir können ihn mit seinen Trägern und Feldassistenten im Busch alleine lassen. Seine Energie ist unerträglich.

Ebenso ungebremst wie die Sammeltätigkeit, wenn nicht noch heftiger, war allerdings sein Interesse für die Mikroskopie. Die technische Entwicklung machte gegen Ende des 19. Jahrhunderts schnelle Fortschritte und Eisen war auf der Höhe seiner Zeit. Eine Weile war er Vorsitzender der San Francisco Microscopical Society und sein Ruf drang bis nach Europa, als er eine Art ultravioletten Lichtfilter und andere Techniken zur Mikroskopierung besonders diffuser Details in den inneren Organen von Regenwürmern erfand.

Das Mikroskop erschloss ihm eine völlig neue Welt. Es gab zahlreiche, in einigen Fällen bahnbrechende Entdeckungen. Ein kalifornischer Salamander lieferte Material zu Studien der Embryologie und Ähnlichem, was mir die heutige Stammzellenforschung vorwegzunehmen scheint; später widmete er sich, auch beim Menschen, den Bestandteilen des Bluts und war eine Zeit lang sogar dem Rätsel des Krebses auf der Spur, obwohl er sich in dem Fall irrte. Ein unumstrittener Erfolg war hingegen seine Entdeckung einer Parasitenart, sehr klein, die bei einem guatemaltekischen Regenwurm unbehelligt im Inneren der Samenblase lebt.

*

Ich fühle mich einmal mehr an Strindberg erinnert, an jenen letzten Sommer, den er, im Jahre 1891, auf unserer Insel verbrachte. Er hatte sich damals tief in die Naturwissenschaften gestürzt, war einsam und deprimiert. Bis auf weiteres war er noch mit Siri von Essen verheiratet, aber nur auf dem Papier. Sie hatte ihn verlassen. Deshalb brauchte er jetzt ein Mikroskop.

Kurz zuvor hatte er den Botaniker Bengt Lidforss kennengelernt und das Mikroskop war zwischen den beiden schon früher in diesem Sommer ein Thema gewesen. Lidforss hatte angeboten, ihm eins zu besorgen, aber Strindberg löste das Problem offenbar selbst. Am 19. Juni schreibt er jedenfalls: »Danke für das Mikroskopangebot! Besitze jetzt aber selbst eins, das deinem aufs Haar gleicht! Habe meinen Samen untersucht! Äußerst lebhaftes Schauspiel tausender junger hitziger Strindbergs, die nach zweistündiger Suche nach einem Ei niedergeschlagen wirkten. Starben um 4.10 Uhr nachmittags bei +13 Celsius an unbefriedigtem Geschlechtstrieb, nachdem sie um 11.30 Uhr vormittags geboren worden waren.«

Wie gesagt, er war einsam. Und Mittsommer stand vor der Tür.

Er verließ die Insel im August und kehrte nie mehr zurück. Stattdessen reiste er auf die Insel Dalarö weiter südlich und fing wieder an zu malen. Ich glaube nicht, dass er sich zurücksehnte. Der erste Brief von Dalarö deutet darauf hin. Es war nur eine Materialanforderung bei einem Cousin in Stockholm. Strindbergs Bestellung ist kurz und präzise: Ein Satz Gitarrensaiten, bitte, und ein Dutzend Kondome. Größte Größe.

Naturforschung in allen Ehren. Aber was ist sie im Vergleich zur Kunst?

*

Gustaf Eisens Verhältnis zu den schönen Künsten entfaltete sich erst relativ spät. Ich werde darauf zurückkommen. Aber da Strindberg wieder einmal von irgendwoher aufgetaucht ist, sollten wir die Gelegenheit beim Schopfe packen und kurz den Hintergrund skizzieren. Erinnern Sie sich, was der Erzähler in Strindbergs Geschichte sah, als er die Klause des Eigenbrötlers betrat? »Eine schöne Bibliothek, ein wertvolles Mikroskop und eine Staffelei.«

Das Interesse für Malerei reichte weit zurück. Schon als Kind, in Stockholm ans Bett gefesselt, beschäftigte Eisen sich damit, gegen Bezahlung Tafeln in Büchern zu kolorieren, und später in Visby wurde er dann von Johan Kahl beeinflusst. Dieser war folglich der fünfte Lehrer, auf dessen Nennung ich eingangs verzichtet hatte, da ich fürchtete, die Erzählung würde unter dem Druck allzu großer Genauigkeit erstarren. Kahl war Aquarellmaler, Palm, Scholander und Gellerstedt eng verbunden und ist bis heute jedem ein Begriff, der sich ein bisschen für die gotländische Landschaftsmalerei interessiert. Darüber hinaus war er an der Lehranstalt in Visby Hauptlehrer in den Fächern Latein und Zeichnen. Eisen lag beides, und bevor die Zoologie endgültig die Oberhand gewann, zog er sogar die Möglichkeit einer künstlerischen Laufbahn in Betracht. Im Herbst seines Lebens behauptete er denn auch, während einer Phase seines Aufenthalts in Kalifornien, ganz am Anfang, habe er seinen Lebensunterhalt mit Aquarellmalerei bestritten. Keines dieser Bilder ist bekannt.

Die Staffelei in Uppsala erklärt sich dadurch, dass er damals parallel zu anderen Studien vom Zeichenlehrer der Universität, dem namhaften Glas- und Miniaturmaler Carl Way (1792–1873), in Malerei unterrichtet wurde.

Strindberg mag ja in vieler Hinsicht ein Taugenichts gewesen sein, aber in diesem Fall kann er handfeste Informationen beisteuern. Dank der Tatsache, dass er bereits als Dreißigjähriger, mit der Veröffentlichung seines ersten Romans *Das rote Zimmer*, berühmt wurde und später relativ jung, im Alter von dreiundsechzig Jahren, starb, blieben die meisten seiner Briefe erhalten, wurden gehütet wie ein Schatz und schon bald von vorn bis hinten analysiert. Praktisch alles, womit er sich beschäftigt hat, ist zum Gegenstand von Forschungen und dicken Büchern geworden, insbesondere die Malerei. Es heißt, Kenner auf dem Kontinent schätzten ihn in erster Linie als Maler und erst dann als Schriftsteller. Was man davon halten soll, mag dahingestellt bleiben, aber es gibt tatsächlich einige Gemälde, bei denen man verharrt. Eins von ihnen ist *Das Wunderland*. Es lässt mir keine Ruhe. *Nacht der Eifersucht* ist ein anderes, es wurde im Februar 2006 aus dem Strindberg-Museum gestohlen. Er hatte es in Berlin für seine zukünftige Frau gemalt. Mittlerweile ist es wieder aufgetaucht. Die Polizei fand es zufällig in der Wohnung eines Junkies in Vallentuna hinter einer Kommode.

In den neunziger Jahren des 19. Jahrhunderts erforschte Strindberg weiter die Natur, aber es gelang ihm trotzdem, ein zweites Mal zu heiraten, und zwar Frida Uhl. Als er im Sommer 1894 aus seinem neuen Zuhause in Österreich einen Brief an Eisen schreibt, ist sein Ton herzlich.

> Gustaf Eisen, mein Freund,
>
> hiermit sende ich Dir ein Buch, die Frucht meiner Mühen während der letzten zehn Jahre. Aus deinem Mund hörte ich 1870 am Friedhof in Uppsala die ersten Worte über den Darwinismus, die Transformation. Hier hast du ihn erstmals angewandt auf die Chemie. In Schweden wurde die Schrift als ein Anfall von Wahnsinn aufgenommen und man vergießt Tränen ob meines Schicksals! Schreibe mir deine Einschätzung, und sei es auch nur auf einer Briefkarte.
> Sah durch Zufall in einer Zeitung, dass Du in San Francisco weilst, als Professor. Für was? Botanik!
> Ich bin zum zweiten Mal verheiratet und habe kürzlich in zweiter Ehe ein Kind bekommen. Frieden und Gruß
>
> August Strindberg

Das beigefügte Buch hieß *Antibarbarus* und ich gehe davon aus, dass Eisen sich die Zeit nahm, es zu lesen, obwohl er in dieser Phase vollauf damit beschäftigt gewesen sein muss, die Funde all der Expeditionen zu bearbeiten, an denen er teilgenommen hatte. Fast jedes Jahr brach er zu langen Sammelreisen auf, vor allem nach Süden, zur Baja California und in andere Teile Mexikos. In diesen neunziger Jahren verfasste er zudem sein naturwissenschaftliches Opus magnum, das Werk über die Regenwürmer der gesamten amerikanischen Westküste. Dieses Buch, das heute noch benutzt wird, war eine grandiose Rückkehr nach seinen Jahren als Pflanzenzüchter und zugleich der Höhepunkt seiner Laufbahn als Zoologe. Ein Exemplar aufzutreiben, ist fast unmöglich. Allein schon die Illustrationen – prächtige Farblithografien, die Eisen selbst anfertigte – können dafür als Erklärung dienen.

Er dürfte erkannt haben, dass Strindberg nicht die erforderlichen Eigenschaften besaß, um ein guter Naturforscher zu werden, aber er muss dem Dichter dennoch mit einigermaßen positiv gewählten Worten geantwortet haben, denn es dauerte nur ein paar Monate, bis ihn ein weiterer Brief erreichte, diesmal aus Paris. Es war ein Hilferuf von einem Freund in Not.

Lieber Gustaf Eisen,

herzlichen Dank für deinen Brief! Du ahnst nicht, welche Befreiung er für mich gewesen ist! Aber in Schweden bin ich als Autor des Antibarbarus immer noch der Irre und »Faxenmacher«. Könntest Du nicht erwirken, dass deine Chemiker ein kurzes und entscheidendes Zeugnis ausstellen, dass sie das Buch »vernünftig und alles andere als verrückt« finden oder besser noch eine Kritik, eine Beurteilung verfassen, die Du in Allehanda, Aftonbladet, Dagbladet oder Svenska Dagbladet veröffentlichen lässt? Zehn Hefte Arbeit liegen hier im Manuskript, und es will mir nicht gelingen, sie gedruckt zu bekommen! Warum soll ich mich nicht selbst erleben dürfen, sondern mich verachtet, entehrt und hungernd, untätig durch ein erbärmliches Leben schleppen? Ein Wort von Dir auf einem Blatt Papier kann alles verändern!

Freundlichst
August Strindberg

Ich lebe davon, Bilder zu malen, was Du mich auch gelehrt hast!

Dieser letzte Nachsatz ist interessant. Dass Strindberg in dieser Phase einiges malte, ist bekannt; eines der Gemälde, die 1894 entstanden, ist besagtes Bild *Das Wunderland*, das heute in Stockholm im Nationalmuseum hängt. Es stellt sich die Frage, was Eisen damit zu tun hatte.

Wie üblich hatte ich Glück, jedenfalls insofern, dass die Frage ungefähr zu einem Zeitpunkt auftauchte, an dem ich Eisen satthatte, was regelmäßig vorkam. Jetzt konnte ich mich stattdessen Strindbergs Malerei zuwenden, und als ich dann zufällig auf ein bislang unbekanntes, kleines Gemälde stieß, wurde die Sache richtig interessant. Ein unsigniertes Bild, kaum größer als eine Ansichtskarte, mit einer Pricke im Vordergrund, einem Schiff am Horizont und einigen Vögeln. Als ich es sah, kam mir augenblicklich ein Satz aus *Der Sohn einer Magd* in den

Sinn. »Johan malte immer das Meer, mit einer Küste im Vordergrund; knorrige Kiefern, einige nackte Felseneilande weiter draußen, eine weißgestrichene Bake, ein Seezeichen, eine Pricke. Der Himmel war meist bewölkt, mit einer schwachen oder starken Lichtöffnung am Horizont; Sonnenuntergänge oder Mondschein; niemals klares Tageslicht.«

Sieh an, ein Strindberg! So lautete mein erster Gedanke.

Der Kunstmarkt scheut die Öffentlichkeit. Das macht einen Teil seines Charmes aus. Häufig spricht man lieber nicht darüber, woher wertvolle Gemälde kommen. Sie tauchen einfach auf und wechseln den Besitzer. Es werden einmütige Blicke gewechselt, keine Fragen gestellt, und auch wenn nun mein Strindberg – nun ja, ich pflege ihn eben so zu nennen – weder besonders wertvoll ist noch eine dramatische Geschichte hat, die es wert wäre, verschwiegen zu werden, möchte ich trotzdem nicht erzählen, wie es zuging, als das Gemälde meinen Weg kreuzte. Vorher muss ich meine Nachforschungen abschließen. Ich habe es nicht besonders eilig.

Das Problem mit dem Bild ist, dass es vermutlich von jemand anderem gemalt wurde. Es ist leider ein bisschen zu gut, um von Strindberg zu sein. Pricken standen damals allerorten in schwedischen Gewässern, und ansehnliche Marinemalerei wurde weit über die versierten Künstlerkreise hinaus praktiziert, vor allem von romantisch veranlagten Kapitänen, Lotsen und anderen, die tagein, tagaus das Meer vor Augen hatten. Aber man soll sich immer auf sein Bauchgefühl verlassen, sodass ich dennoch gewisse vorbereitende Studien begann, die, wie sich zeigen sollte, die Fantasie anregende Perspektiven eröffneten.

Meine ersten Untersuchungen galten dem Untergrund. Das Bild ist auf dünne Pappe gemalt. Als es in meinen Besitz gelangte, war es, recht nachlässig, auf einer ebenfalls dünnen Scheibe aus Mahagoni, glaube ich, festgeleimt. Vielleicht steht ja etwas auf der Rückseite der Pappe, überlegte ich. Dort könnte es selbstverständlich auch eindeutige Belege dafür geben, dass Strindberg *nichts* mit dem Gemälde zu tun hatte, das war mir bewusst, aber ich konnte es trotzdem nicht lassen, nachzusehen. Es war nicht weiter schwierig, sie abzulösen. Und plötzlich ließ sich mein Bild räumlich und zeitlich ziemlich genau einordnen.

Es stellte sich nämlich heraus, dass die Pappe von einer Verpackung stammte, einer Mappe oder einem Karton, die mit Reklame für den Hoffotografen Johannes Jaeger bedruckt war, der bis 1890 in Stockholm arbeitete. Das beweist natürlich gar nichts, denn Jaegers Firma war groß und seine Reklame bestimmt weitverbreitet, aber die Entdeckung regte meine Fantasie an und hielt mich tagelang auf Trab. Es gab einen, wenn auch vagen, Zusammenhang. »In Herrn Jaegers Katalog sind mehr als 1000 Nummern Fotografien verzeichnet, zunächst ausschließlich nach schwedischen Malern, weiterhin nach verschiedenen Kunstwerken im Nationalmuseum.« Dies schrieb Strindberg 1874 während seiner kurzen Laufbahn als Journalist in der Tageszeitung *Dagens Nyheter*. Die Überschrift lautete »Kunstwerke in Billigauflagen« und in seinem Artikel geht es um Reproduktionen, die Jaeger damals in großen Auflagen druckte. Auch das beweist noch nichts, aber ich lernte einiges über Johannes Jaeger, der 1832 in Berlin geboren wurde.

Wie üblich studierte ich das Gemälde unter meinem Mikroskop. Dabei fiel mir eine noch elegantere Art ins Auge, nachzuweisen, wer den Pinsel geführt hatte, denn ich besitze ein gutes Mikroskop, ein so ausgezeichnetes, dass man Sachen sehen kann, die es kaum gibt. Nun entdeckte ich zweierlei: erstens eine Schweineborste. Daraufhin kam mir eine Idee. Und noch ehe ich sie gründlich durchdacht hatte, fiel mein Blick auf etwas noch Besseres. Ein Haar! Tja, und damit nicht genug. Wenn ich mich nicht täusche, handelt es sich um ein menschliches Wimpernhaar, vollständig mit Wurzel und allem, das in dem Firnis hängengeblieben war. Damit betrachte ich die Sache im Großen und Ganzen als geklärt.

Vor vielen Jahren hatte ich im Auftrag der Akademie der Wissenschaften ein Buch über genetische Archäologie geschrieben und dabei einen Mann kennengelernt, einen brillanten Forscher, durch dessen stets spannende Arbeit am Max-Planck-Institut in Leipzig diese Disziplin auf ein völlig neues Niveau gehoben worden ist. Die Informationen, die er ermitteln konnte, indem er die Backenzähne 30 000 Jahre alter Neandertaler aufbohrte, lassen erahnen, welche Schlüsse er aus diesem Haar ziehen können würde. Oder der Schweineborste.

Man benötigt nur Strindbergs DNA, und es müsste durchaus möglich sein, sie zu beschaffen, oder aber eine Borste vom selben Schwein, will sagen Pinsel, die in einem anderen seiner bekannteren Gemälde klebt. Schließlich war er damals so arm, dass er die Pinsel sicher erst wechselte, wenn sie nicht mehr zu gebrauchen waren. Jedenfalls sollte dies nicht schwieriger sein, als, wie neulich in Finnland geschehen, einen Autodieb zu fassen, indem man eine DNA-Analyse des Mageninhalts einer pappsatten Stechmücke durchführte, die in dem stehen gelassenen Wagen umhersurrte.

Ehrlich gesagt drängt sich mir der Eindruck auf, dass die Kunstexperten in solchen und ähnlich gelagerten Fällen ein wenig hinter dem Mond sind. Als gefiele es ihnen im Grunde ganz gut, Pinselführung und Stil zu beurteilen und anschließend ihre Karrieren damit zu verbringen, einander zu verleumden und regelrechte Kriege darüber auszufechten, wer richtig geraten hat. Insbesondere Strindberg hat von seinem gegenwärtigen Aufenthaltsort aus eine ganze Reihe solcher Scharmützel beobachten können.

Dann gibt man dem Gemälde bloß noch einen Namen – ich könnte mir *Die Erdbebenvögel* vorstellen – und macht es allgemein bekannt. Der Rest ergibt sich von selbst. Strindberg hat persönlich einmal beschrieben, was geschieht. »Das Gemälde an sich war vielleicht gar nicht so wertvoll, aber nachdem Generationen bewundernd vor diesem Bild gestanden hatten, war dieses Embryo befruchtet, vielleicht ausgebrütet worden; die Zeit und die Menschen hatten ihm die nötige Patina verliehen.« Wie wahr, wie wahr.

Nun, als ich so weit gekommen war, fühlte ich

mich ausreichend erholt, um mich erneut ein wenig für Eisen und seine mögliche Bedeutung für Strindbergs Laufbahn als bildender Künstler zu interessieren. Die Antwort, nach der ich suchte, fand ich in Strindbergs autobiografischem Roman *Der Sohn einer Magd*. Lassen Sie uns deshalb für einen Moment nach Uppsala zurückkehren.

> »Wenn er besonders niedergeschlagen war, ging er zu seinem Freund, dem Naturforscher, hinauf. Es heiterte ihn auf, dessen Herbarien und Mikroskope, seine Aquarien und physiologischen Präparate zu sehen. Vor allem jedoch den stillen, friedlichen Atheisten, der die Welt ihren Lauf nehmen ließ, da er wusste, dass er in seinem bescheidenen Rahmen mehr an der Zukunft arbeitete als der Dichter mit seiner eruptiven Geschäftigkeit. Der Kamerad hatte allerdings einen alten Anflug von Ästhetik in sich und malte mit Ölfarben. Dies interessierte Johan nun ganz außerordentlich. Man stelle sich vor, jetzt, mitten in diesen furchtbaren spätwinterlichen Nebeln eine ergrünende Landschaft aufpinseln und sich an die Wand hängen zu können!
> ›Ist malen schwer?‹, fragte er.
> ›Nein, ach wo, es ist leichter als zeichnen. Versuch es mal!‹
> Johan, der bereits vollkommen furchtlos ein Lied mit Gitarrenbegleitung komponiert hatte, fand das Malen nicht gänzlich unmöglich und lieh sich Staffelei, Farben und Pinsel. Und anschließend ging er nach Hause und schloss sich ein.«

15

DER FALL ESAIAS HENSCHEN

In der unerschöpflichen Universitätsbibliothek Carolina Rediviva in Uppsala, einen Katzensprung vom Schloss entfernt, werden in vier großen Pappkartons Gustaf Eisens nachgelassene Papiere aufbewahrt, die bis heute mehr oder weniger unsortiert geblieben sind, ein schwer überschaubares Kompott aus Dokumenten und alten Bildern, und während meiner Ausgrabungen in diesen Behältern stieß ich eines schönen Tages auf einen abgegriffenen Lederordner, der die Aufschrift »Mysteriöse Dinge« trug.

Dass Eisen sich für Okkultismus interessierte, wusste ich bereits. Schon im Herbst 1879 hatte er sich in einem wehmütigen Brief an seinen Freund Stuxberg zu dem Thema geäußert. Sechs Jahre sind vergangen, seit sich ihre Wege getrennt haben, und die letzten vier hat er auf dem Weingut in Fresno geschuftet. Er arbeitet vom frühen Morgen bis zum späten Abend als Vorarbeiter von achtzehn Chinesen und fast ebenso vielen Weißen, ohne dass er deshalb nennenswert Geld verdient hätte, denn die Weinberge werfen noch keinen Gewinn ab. Der Gedanke, nach Schweden heimzukehren und als Naturforscher Karriere zu machen, ist in immer größere

Ferne gerückt. Er kennt dort praktisch niemanden mehr, der ihm helfen könnte.

Außerdem hat das Leben in Kalifornien ihn zu einem anderen Menschen gemacht. »Ich habe mich in diesen sechs Jahren sehr verändert, und es wäre möglich, dass Du dich in meiner Gesellschaft nicht mehr wohlfühlen könntest.« Die Theosophie und die okkulten Wissenschaften, fährt er fort, hätten ihm eine völlig neue Welt erschlossen, »wunderbarer als jene, die man mit dem Schöpfgefäß aus der Tiefe des Meeres hochholt oder die das Mikroskop ans Licht bringt«.

Madame Blavatsky ist Eisens neues Idol und neue Begleiterin. Ihr Buch *Isis unveiled*, das zwei Jahre zuvor erschienen war, ist in seinen Augen »eine der bemerkenswertesten Arbeiten unserer Zeit« und ich habe den Eindruck, dass die Anziehungskraft irgendwie mit den zahllosen Entbehrungen des Siedlerlebens zusammenhängt. Man bekommt nichts geschenkt. Die meisten scheitern, viele gehen unter. Im selben Brief wird von einem gemeinsamen Freund aus Kindertagen erzählt, der ihn völlig mittellos und krank besucht hat. Eisen begräbt ihn in der harten Erde.

Viele Jahre später wird er diese ersten Jahre in Fresno »meine babylonische Gefangenschaft« nennen. Er konnte natürlich immer in den Bergen Würmer ausgraben und Tausendfüßler fangen – als Trost, um auszuharren –, aber offenbar brauchte er noch etwas anderes, eher in die spirituelle Richtung gehendes.

Helene Blavatsky (1831–1891) stammte aus der

Ukraine und soll ein abenteuerliches Leben geführt haben, das man größtenteils als frei erfunden betrachten muss, hauptsächlich von ihr selbst. Unumstritten ist allerdings, dass sie 1875 in New York die Theosophical Society gründete, und wie wir bald sehen werden, war Eisen bereits frühzeitig und nicht nur als passiver Bewunderer mit von der Partie.

Einigermaßen dokumentiert ist darüber hinaus, dass Blavatsky in einer exzentrischen Fraktion der russischen Aristokratie aufwuchs. Die Mutter war Schriftstellerin, verstarb jedoch jung, woraufhin das Mädchen von seiner Großmutter aufgezogen wurde, in den Annalen als Archäologin und Botanikerin mit großer Bibliothek verzeichnet, noch dazu verheiratet mit dem Gouverneur in Saratow, mit Sicherheit unanständig reich, mit allem, was dies an Luxus und Dienstpersonal für alles und jedes bedeutete.

Trotzdem, oder vielleicht gerade deshalb, fiel Helene schon in der Kindheit als ein wenig seltsam auf. So erzählt man sich, dass sie mit Tieren sprechen konnte, was selbst heutzutage nicht so ungewöhnlich ist, aber in ihrem Fall schloss die Gabe auch Diskussionen mit ausgestopften Tieren ein. Man muss schon sagen, das ist wirklich nur etwas für Fortgeschrittene. An manchen schwermütigen Tagen kommt es zwar durchaus vor, dass auch ich das eine oder andere wahre Wort zu jenem hundert Jahre alten Pfau sage, der in einer Ecke meines Arbeitszimmers steht und sich überheblich gibt, aber ich bekomme nie eine Antwort, wofür ich selbstverständlich dankbar bin.

Wie auch immer, Madame Blavatsky, wie sie genannt wurde, erhielt ihren Nachnamen in jungen Jahren, als sie einen mehr als doppelt so alten Grafen heiratete, dem sie jedoch recht bald davonlief, woraufhin sie sich nach Konstantinopel und weiter in die Welt hinausbegab. Was danach passierte, ist, wie gesagt, unklar; die Abenteuer in Tibet und andernorts während dieser sogenannten Wanderjahre, grob gerechnet von 1849 bis 1873, sind zwar schillernd, aber nur für leicht zu täuschende Menschen glaubwürdig. Jedenfalls muss sie damals irgendwie ihre Kenntnisse im Spiritismus erweitert haben, der damals eine enorm aufstrebende Branche war. Hier kamen ihre Talente zur vollen Geltung.

Séancen unter der Leitung eines Mediums, meistens einer Frau, sollten sich schon bald, insbesondere in Amerika, zu einer ausgesprochen beliebten Umgangsform entwickeln. Lakonische Botschaften von verstorbenen Angehörigen und Freunden, wenn auch nur in Form von Klopfzeichen, scheinen ebenso erholsam fesselnd gewesen zu sein wie die hohlen Phrasen in diversen sozialen Netzwerken im Cyberspace, auch wenn man sagen muss, dass man heute normalerweise den Kontakt zu lebenden Menschen sucht.

Der Bedarf war unersättlich. Gegen Ende des 19. Jahrhunderts gab es allein in Kalifornien tausende Medien, und obwohl die Séancen an sich, das halb erotische Zusammensein in dunklen Räumen, mehr zu bieten hatten als all die übernatürlichen Phänomene, die ein Medium suggerieren konnte, lässt sich der Zustrom von Anhängern zum Teil auch mit dem breiten

Spektrum der theosophischen Lehre erklären. Diese erhob nämlich den Anspruch, praktisch alles zu umfassen. Die Naturwissenschaften mit Darwin an der Spitze hatten die Autorität der Kirche unterminiert, ohne deshalb die Sehnsucht der Menschen nach mystischen Erfahrungen vermindert zu haben. Vieltausendjährige Schöpfungsmythen waren zu Grunde gerichtet worden, primitive Reklametricks wie das Paradies ebenso. Selbst die Hölle funktionierte als Gräuelpropaganda nicht mehr besonders gut.

Die Theosophen wollten das ganze Gerümpel vereinen und gingen mit frischem Mut ans Werk. Evolutionstheorie, Seelenwanderung, Astronomie, Alchemie, christliche und fernöstliche Mystik, Meditation, Astrologie, Mathematik, Engel und Naturwesen und alles mögliche andere bis hin zu gewöhnlichen Wetterberichten wurden zu einer stark gewürzten Suppe vermengt, die nach dem Geheimrezept einer noch geheimeren Bruderschaft namens Masters of The Universe gekocht wurde. Ordinärer Humbug also, nicht unähnlich heutigen Spektakeln vom Modell New Age. Ein interessanter Unterschied besteht jedoch darin, dass Wunschdenken zum Thema Wiedergeburt der Seelen, Clairvoyance und dunkle Esoterik, die heutzutage vor allem Außenseiter mit oftmals mangelhafter Schulbildung anziehen, damals auch in weiteren Kreisen akzeptiert waren.

Wer heute Macht und eine Position anstrebt – im wissenschaftlichen, politischen oder kulturellen Bereich –, muss sich einmal mehr der Unterstützung der alten Schriftreligionen versichern, um dort seinen Glauben an das Abwegige mal so richtig austoben zu können. Gespenster taugen dazu nicht. Eisens Epoche war in dieser Hinsicht offener. Strindberg hielt man beispielsweise für verrückt, aber wenn ein Autor seines Formats in unserer Zeit das Buch *Inferno* geschrieben hätte, würde das Urteil noch härter ausfallen. Auch er fühlte sich vom Charme Helene Blavatskys angezogen – die in ihrer Epoche für viele ein Guru war. Einer ihrer engsten Vertrauten erklärte ihre Ausstrahlung: »Ihre Augen zogen mich an, Augen eines Menschen, den ich in einem Leben vor langer Zeit gekannt haben musste.«

Madame Blavatsky zog später nach Indien, wo sie die Zeitschrift *The Theosophist* ins Leben rief. Das war 1879 in Bombay und nur ein Jahr später findet man in ihr einen Artikel – »A true dream« – von Gustaf Eisen. Es ist eine seltsame Geschichte aus seinen Kindertagen in Visby, allerdings ohne Pointe. Als Beleg für seine Kontakte ist der Text interessant, ansonsten nicht. Da hatten die Kartons in Uppsala schon etwas mehr zu bieten.

*

Ich öffnete den schwarzen Ordner und begann zu lesen. Der Inhalt erwies sich als eine Sammlung kürzerer Geschichten, die Eisen verfasst hatte, als er in New York lebte, also nach dem Ersten Weltkrieg. Die Themen variierten, den gemeinsamen Nenner aller Geschichten bildeten jedoch okkulte Phänomene, die ihm auf seinem Lebensweg begegnet waren. Möglicherweise hatte er vorgehabt, sie in *The Theosophist* oder einer der anderen esoterischen Zeitschriften zu veröffentlichen, in denen er regelmäßig mitwirkte – *Lucifer, The Progressive Thinker, Banner of Life* und wie sie alle hießen. Die Schubladen in Uppsala enthalten eine ganze Reihe solcher vergilbter Presseausschnitte.

Eine säuberlich abgetippte Geschichte in dem Ordner – »The Man above me« – spielt 1916, als Eisen ein Zimmer in der Bronx mietete, in der 156. Straße, und regelmäßig bei offenem Fenster schlief, zum einen, weil der Sommer in jenem Jahr besonders heiß war, zum anderen, um es sich nicht mit einem großen herrenlosen Kater zu verderben, der nachts hereinkletterte und in seinem Zimmer schlief. Plötzlich, eines Nachts, wird er von einem Pistolenschuss geweckt ... na ja, danach passieren ein paar unerklärliche Dinge, aber im Großen und Ganzen ist die Geschichte ziemlich misslungen.

Ich blätterte weiter. Die Bibliothekarin im Lesesaal überwachte aufmerksam meine Aktivitäten.

»The Gnome« handelt davon, dass Eisen in seiner Jugendzeit einmal einen Kobold sah, damals auf Gotland. Nichts Ungewöhnliches, denn wie jedermann weiß, gab es damals reichlich Kobolde. »The Libretto«, geschrieben im März 1929, ist eine kurze Anekdote, vage mystisch, die an das lange Zeit verschollene Opernlibretto anknüpft, das Eisen 1899 schrieb. Nichts Besonderes. Nun ja, die Geschichte von der Oper ist natürlich fantastisch, und wir werden allen Grund haben, auf sie zurückzukommen, aber als okkultes Phänomen war das, was sich nun zugetragen hatte, nichts, womit man Eindruck schinden konnte.

Ein Haufen Müll, dachte ich. Dinge, die man seinen Nachfahren ersparen sollte. Trotzdem las ich weiter, denn bei unsortierten Kartons weiß man nie, und so fand ich am Ende tatsächlich eine Erzählung, die mich weiterbrachte. Wohin, kann ich nicht wirklich sagen, aber weiter. Zwei Seiten nur, verfasst im März 1921: »The Case of Esaias Henschen«.

Die Geschichte beginnt in Fresno 1879, also während der harten Jahre, in denen Eisen ein wenig Zerstreuung und Abwechslung fand, indem er ein Medium namens Mrs. Butler besuchte, die in der Nähe wohnte und deren Spezialität automatisches Schreiben war. Der Geisterwelt wurden Mitteilungen entlockt, indem sie ihre Hand auf ein kleines Stück Kreide auf einer Schiefertafel legte. Und dann kam Eisen die Idee, Kontakt zu einem alten Freund zu suchen.

»Doch ehe ich fortfahre, muss etwas darüber gesagt werden, dass ich während meiner Zeit an der Universität von Uppsala Mieter in dem Haus war, das Richter Henschen mit seiner Familie bewohnte. Das Haus gehörte ihm. Ich bezahlte 160 Kronen im Jahr für zwei unmöblierte Zimmer. Anton Stuxberg, später Entdeckungsreisender und Chef des Museums in Göteborg, wohnte im selben Haus.
Henschen hatte drei Söhne. Der mittlere von ihnen, Esaias, war kränklich, litt an Tuberkulose und hielt sich aus diesem Grund viel an der frischen Luft auf. Er machte Geschäfte mit schwedischen Emigranten, die in Florida eine Siedlung gegründet hatten; er brachte sie mit dem Schiff dorthin. Folglich fuhr er alle zwei Monate hin und zurück, und in unseren

Augen war er vollkommen verrückt, weil er sechsmal im Jahr nach Amerika und zurück reiste.

Als er zu seiner letzten Reise aufbrechen wollte, kratzten Stuxberg und ich 100 Kronen zusammen, die wir ihm als Gegenleistung für sein Versprechen überreichten, für diese Summe Insekten und andere Tiere zu sammeln, von denen es, wie wir annahmen, in Florida nur so wimmeln musste. Ich meine mich zu erinnern, dass sich dies 1871 zutrug, ungefähr ein Jahr, bevor ich selbst nach Kalifornien reiste. Solange Stux und ich in Uppsala weilten, trafen die versprochenen naturhistorischen Sammlungen allerdings niemals ein und wir nahmen an, dass Esaias das Ganze vergessen hatte oder es ihm nicht gelungen war, etwas zu finden, da er kein Zoologe war.«

So fängt der Text an. Und es dauert nicht lange, bis er auf der Schiefertafel die Kreide scharren hört. Die Mitteilung von der anderen Seite ist klar und deutlich. Auf der Tafel steht: »Entschuldige, dass ich dich und Stuxberg enttäuscht habe, aber ich starb, bevor ich euren Wunsch erfüllen konnte. Ich danke für die Ehre, dies mitteilen zu dürfen. Esaias H...n«

Aha, dachte ich. Noch so einer, der Pech hatte. Aber ich will nicht leugnen, dass meine Neugier mich auch noch den Rest der Geschichte lesen ließ. Der Name Henschen war mir nämlich nicht unbekannt. Außerdem machte der Autor einen effektvollen Zeitsprung ins Jahr 1904, in dem die Erzählung eine unerwartete Auflösung bekam. Ein Ende, das zudem die Zweifel des Verfassers an seinem theosophischen Glauben entblößte.

»In diesem Jahr besuchte ich Schweden und während meines Aufenthalts beschlossen ich und mein Freund Georg Törnquist, der berühmte Schauspieler, Uppsala zu besuchen, um die Orte wiederzusehen, an denen wir in unserer Jugend so viel Spaß gehabt und auch ein wenig gearbeitet hatten. Wir verbrachten drei Tage dort, wenn meine Erinnerung mich nicht trügt, und die Tageszeitungen brachten kurze Artikel über unseren Besuch, der von öffentlichem Interesse zu sein schien. Wir begaben uns zu Henschens altem Haus und fanden es unverändert vor, konnten es jedoch nicht betreten, da es mittlerweile von Fremden bewohnt wurde.

Schließlich kehrten wir nach Stockholm zurück, und am nächsten Tag erlebte ich die größte Überraschung meines Lebens. Georg Törnquist erhielt einen an mich adressierten Brief. Er war von Esaias Henschen, nunmehr Bankdirektor in Uppsala. Er hatte in der Zeitung gelesen, dass ich mich dort aufhielt, und versucht, mich zu erreichen, war aber zu spät gekommen. Er legte einen Scheck über 100 Kronen und die Zinsen vieler Jahre bei und erzählte, das Paket mit kuriosen Tieren, das er dreißig Jahre zuvor aus Florida geschickt habe, sei auf dem Schiff aus irgendeinem Grund verloren gegangen, und es habe ihm beträchtlichen Kummer bereitet, dass ich mein Geld erst jetzt zurückbekommen habe! An honest man! How few indeed!«

Geschichten dieser Art können mich in einen Zustand überschäumender Euphorie versetzen. Eine Spur! Eine Mitteilung von der anderen Seite! Esaias, jetzt habe ich dich! Ich rannte förmlich zur Abteilung für biografische Nachschlagewerke – wo ich rasch herausfand, dass Esaias Henschen (1845–1927) der ältere Bruder des Professors und Gehirnchirurgen war, der bis in unsere Tage hinein berühmt ist, weil er zum einen Lenin obduzierte und zum anderen zum Stammvater einer ganzen Reihe von hervorragenden Ärzten, Künstlern und Schriftstellern wurde.

Esaias scheint ein stilleres Leben geführt zu haben. Zu meiner großen Enttäuschung fand ich nicht viel Schriftliches über ihn. Ein unauffälliger Bankdirektor in der Masse. Erst Tage später wurde ich fündig.

Er war tatsächlich in seiner Jugend in Florida gewesen, und dort, über einen alten Emigrantenverein, der noch das Andenken an seinen Namen bewahrte, erfuhr ich, dass er im Gegensatz zu seinem Bruder Salomon nicht der Erzeuger einer Menge Berühmtheiten in späteren Generationen gewesen war. Nichts als Normalsterbliche. Im Grunde war wohl eigentlich nur einer unter ihnen, der in der Welt von sich reden machte, ein Urenkel, ein schwedischer Dichter, berühmt bis ins ferne Florida, sein Name ist ... nein, das gehört ja nicht hierher.

Ich wundere mich nicht mehr. Das habe ich mir längst abgewöhnt. Als Fliegensammler lernte ich früh, mucksmäuschenstill zu stehen und zu warten – wochenlang, den Kescher bereithaltend. Glauben Sie mir, früher oder später kommen die wahren Raritäten. Eine solche war der Vater des Dichters, ein sehr sympathischer Mann, ein alter Generalmajor, der mir eingehend die facettenreiche Geschichte vom langen Leben seines Großvaters erzählte. Die, wie gesagt, nicht hierher gehört. Jedenfalls nicht mehr als beispielsweise die Lust, die einen Sammler antreibt. Fliegen oder Geschichten, das kommt aufs Gleiche heraus.

*

Es verschlug uns nach Monterey, die Küste hinauf. Von den Bergen im Sequoia National Park fuhren wir, so schnell es eben ging, quer durch das Tal, nach Cambria am Stillen Ozean. Drei völlig verschiedene Welten an einem Tag. Anschließend nahmen wir den Highway 1 nach Norden, in Richtung San Francisco, eine Serpentinenstraße hoch über dem Ufer, die wilde Vegetation der Küstenberge einer Wand gleich auf der einen Seite und auf der anderen der Horizont. Doch ehe wir Monterey erreichten, wo wir einige Tage in Pacific Grove wohnten, besuchten wir Hearst Castle. Es lag auf dem Weg.

Der Zeitungsmagnat William Randolph Hearst, Vorbild für die Hauptperson in Orson Welles' Film *Citizen Kane*, hatte dort einhundertsechzig Quadratkilometer Land besessen, auf dem er ein Märchenschloss errichten ließ, das dort heute wie ein Monument über den Irrsinn des Sammelns auf einer Bergkuppe steht. Hearst verprasste irrwitzige Summen bei seiner manischen Jagd auf Kunst und Antiquitäten, und da seine Interessen und sein Geschmack im Laufe der annähernd drei Jahrzehnte, während derer das Schloss erbaut wurde, einigen Schwankungen unterlag, war das Ganze in seiner bunten Vielfalt beinahe komisch.

Nichts war unmöglich. Wollte Hearst einen römischen Tempel besitzen, kaufte er einen und ließ ihn abbauen und nach Kalifornien verschiffen, wo die Architektin Julia Morgan ihr Bestes gab, um ihn in die Anlage einzubauen. In diesem Stil kaufte er auch ganze Räume aus europäischen Renaissancepalästen mitsamt Holzvertäfelung, Decken, Fenstern, Möbeln, Fußböden und Teppichen. Das Ganze ist gelinde gesagt überfrachtet; mittelalterliche Rüstungen, Skulpturen, Silber, Mosaike und – nicht zu vergessen – Gobelins. Riesige Gobelins und gewaltige Säle, um sie in diesen aufhängen zu können.

Das Interesse für alte Textilien hatte er von seiner Mutter Phoebe Apperson Hearst übernommen (1842–1919), die ebenfalls unfassbar reich und vernarrt darin gewesen war, Dinge zu sammeln, die ihr gerade in den Sinn kamen, alles Mögliche, wild durcheinander. Zu ihrer Verteidigung soll jedoch nicht unerwähnt bleiben, dass ihre private Sammelleidenschaft oft an Philanthropie grenzte. Die Sammlungen landeten in Museen, und indem sie Künstler und andere als ihre Kundschafter auf dem Antiquitätenmarkt engagierte, trug sie zum Lebensunterhalt vieler Menschen bei.

Und so sind wir Phoebe Hearst auch für das Buch *Maya Textiles of Guatemala – The Gustavus A. Eisen Collection*, das erst 1993 erschien, zu Dank verpflichtet. Tja, und für die Sammlung selbst natürlich – die schönste und vollständigste Sammlung antiker Mayatextilien auf der ganzen Welt.

Um die Jahrhundertwende fielen ihr Eisens Talente ins Auge. Kurz zuvor hatte er sein Buch über die Feige veröffentlicht, eine Fortsetzung seines Rosinenbuchs, und ungefähr zur gleichen Zeit seinen Posten als Abteilungsleiter an der California Academy aufgegeben, um in San Francisco stattdessen ein Fotoatelier zu eröffnen. Er war ein geschickter Fotograf, dem schöne Porträtaufnahmen gelangen, und während einiger Jahre erreichte er bei mehreren nationalen Wettbewerben für Kunstfotografie vordere Plätze.

Nachdem Phoebe Hearst sich entschlossen hatte, eine Sammlung von Textilien aus Mittelamerika aufzubauen, dürfte ihr die Wahl leichtgefallen sein. Eisen war ein alter Guatemalakenner, außerdem sowohl ein großer Sammler als auch Fotograf. Besser ging es nicht. Sie schickte ihn für ungefähr ein Jahr los. Das war 1902. Und die Sammlung, mit der er zurückkehrte, muss an einem Ort gelagert worden sein, an dem sie das Erdbeben überlebte. Außer Frage steht, dass die Auftraggeberin zufrieden war; tatsächlich deutet vieles darauf hin, dass sie Eisen bis zum Ersten Weltkrieg finanziell unterstützte.

Ich glaube, die beiden haben sich auch auf der persönlichen Ebene gut verstanden. Genau wie Eisen war Phoebe Hearst eine Freidenkerin neospiritueller Art. Ungefähr zu der Zeit, als sie sich kennenlernten, konvertierte sie zu den Bahá'i, einer Religion, die 1844 in Persien gestiftet worden war und deren wichtigster Prophet eine Gestalt namens Bahá'u'lláh war, dessen Lehre darauf hinausläuft, dass alle großen Religionen und heiligen Bücher ungefähr gleich gut und im Grunde gleich sind, Bahá'u'lláhs eigene heilige Schrift *Kitáb-i-Aqd* aber trotzdem einen Tick besser ist. Eine ziemlich lustige Religion, will mir scheinen. Heute gibt es mehrere Millionen gläubige Bahá'i, sogar in Schweden, wo schon früh Gemeinden in Hultsfred und Jokkmokk gegründet wurden.

*

Doch nun waren wir wie gesagt nach Monterey gekommen, südlich von San Francisco, wo wir uns ein Zimmer in einem Hotel am Meer in Pacific Grove nahmen, das einen Balkon hatte, auf dem ich einige Tage verbrachte und die Namen von Vögeln zu lernen versuchte, die ich nie zuvor gesehen hatte – Gischtläufer, Heermannmöwen, Pinselscharben –, während ein Stück vom Ufer entfernt die Seeotter völlig unbekümmert im Wasser lagen und Muscheln fischten.

Eisen war ein Puzzle aus zu vielen Teilen. Warum kehrte er nach Schweden zurück? Zweimal, 1904 und 1906, hielt er sich wieder in seinem Heimatland auf, aber es gibt keine eindeutige Antwort auf die Frage, was der Grund für diese Reisen war. Es war für ihn, rein privat, eine Zeit des Umbruchs, und er hatte ständig mehrere Eisen im Feuer. Dennoch gibt es eine Erklärung, die besser ist als alle anderen. Und dort, in Monterey, tauchte sie auf, als wir über die Cannery Row im Herzen des Steinbecklands flanierten, wo die alten Konservenfabriken mittlerweile zu einem riesigen Meeresaquarium umgebaut worden sind.

Schon in den Jahren vor dem Erdbeben gab es Pläne für eine ähnliche Anlage; eine Kombination aus Touristenattraktion und Meeresforschungslabor. Wie üblich hatte sich einer dieser exzentrischen Millionäre entschlossen, das Aquarium zu finanzieren, das im Golden Gate Park in San Francisco stehen sollte, und Eisen angeboten, dessen geschäftsführender Direktor zu werden. Darüber hinaus sollte er die Richtlinien für den Bau ausarbeiten. Deshalb musste er nach Europa reisen, um Aquarien und marine Forschungsstationen zu studieren. Und als er schon einmal in der Nähe war, nutzte er die Gelegenheit, seine alten Freunde in Schweden zu besuchen. Stuxberg war zwar bereits tot, aber Strindberg hockte noch wie ein alter Uhu in seiner Wohnung am Karlavägen. Am 17. April 1904 schreibt er in sein *Okkultes Tagebuch*: »... Nacht. Träumte sehr lebhaft von Berzelius sowie von Gustaf Eisen.« Und in einer kryptischen Notiz aus dem September desselben Jahres kann man von einem Abendessen im Wirtshaus Lidingöbro lesen, bei dem es Eisen gelang, Strindberg zu überreden, ihn nach San Francisco zu begleiten, um binnen eines Jahres oder so Englisch zu lernen und vielleicht etwas Neues zu beginnen. Aber der Dichter machte in letzter Sekunde einen Rückzieher. Am Seitenrand findet man eine spätere Ergänzung:

»Vgl.: 1906 im April brannte San Francisco.«

Ja, es gab immer etwas, was dazwischenkam. Nach dem Erdbeben wurden die Pläne für das große Aquarium zu den Akten gelegt. Man könnte deshalb leicht den Eindruck gewinnen, dass Gustaf Eisens langes Leben von wiederholten Misserfolgen geprägt war. Andererseits glaube ich, dass er ziemlich viel Spaß am Leben hatte. Was wäre letztlich ein Menschenleben ohne Tiefschläge?

16

LEGENDS OF THE HOLY GRAIL

Der Nachlass umfasst zahlreiche unveröffentlichte Manuskripte. Das Buch über die Geschichte der Glasperlen mitsamt den 40 000 Aquarellen landete bei der Königlichen Akademie der Literatur, Geschichte und Altertümer in Stockholm. Dort befindet sich des Weiteren ein sehr umfangreiches Libretto zu einer Oper, komponiert von Carlos Troyer (1837–1920), mit dem Eisen um die Jahrhundertwende zusammenarbeitete. Der Blätterstapel ist mottenzerfressen und schwer zu entziffern, aber man begreift immerhin, dass die Geschichte in prähistorischer Zeit irgendwo im Südwesten der USA angesiedelt ist. Troyer interessierte sich sehr für die Urbevölkerung des Landes und ihre Musik. Die Oper wurde niemals aufgeführt.

In Stockholm wie in Uppsala liegen darüber hinaus dicke Blätterstapel mit historischen und literarischen Manuskripten verschiedener Art. Ich frage mich, ob außer dem Autor selbst sonst noch jemand das alles gelesen hat. Es müssen tausende Blätter sein, geschrieben hauptsächlich in den ersten Jahrzehnten des 20. Jahrhunderts. Am umfangreichsten ist *The Alhambra Tales*, eine Sammlung mehr oder weniger fantastischer Erzählungen an historischen Schauplätzen, möglicherweise beeinflusst von Washington Irving. Die Ablehnungsschreiben der großen Verlage in New York bestätigen allerdings den Eindruck, dass Eisens literarisches Talent Strindbergs Begabung als Chemiker ähnelt. Ein Dilettant.

Vielleicht schrieb er auch, um sich die Zeit zu vertreiben. Nach dem Erdbeben fuhr er nach San Francisco zurück, wo er beim Wiederaufbau des Museums half, aber kurz darauf war er wieder unterwegs. Zwischen 1910 und 1915 streifte er ziellos durch Europa, zeitweise in Begleitung des Malers und Antiquitätensammlers Carl Oscar Borg, den Phoebe Hearst ebenfalls finanziell unterstützte. Ob die Apanage mit Gegenleistungen verknüpft war, ist unklar, aber es waren jedenfalls die Jahre, in denen Eisen am intensivsten Perlen und antikes Glas erforschte. Er wohnte lange in Rom, allein. Schrieb die ganze Zeit.

Oder ging es darum, Geld zu verdienen? Ich habe in den Blätterstapeln sogar ein Filmdrehbuch gefunden – *The Stolen Combination* – und einzelne Erzählungen, die sich am ehesten in das Genre Science-Fiction einordnen lassen. Eine von ihnen, mit dem Titel »Ultra-Violet and Infra-Red«, erinnert nicht wenig an H. G. Wells' Klassiker *Der Unsichtbare*, vielleicht war also gerade fehlende Originalität der Grund dafür, dass keiner seine Texte veröffentlichen wollte. Der Kriegsausbruch machte die Sache sicher auch nicht besser.

Wie auch immer, vor diesem Hintergrund müssen wir Eisen sehen, als er im April 1915, 67 Jahre alt und mit Sicherheit ziemlich desillusioniert, in

New York eintrifft. Von Phoebe Hearst erhält er aus irgendeinem Grund keine Unterstützung mehr, durch den Weltkrieg ist ihm der Weg nach Europa versperrt, die Kontakte zu den Feigenexperten im Washingtoner Landwirtschaftsministerium gibt es noch, bringen ihm aber keine Einkünfte ein, und die Zoologie hat er für immer aufgegeben. Er will nur zwei Tage bleiben und danach den Zug zurück nach San Francisco nehmen, um dort eventuell ein neues Fotoatelier zu eröffnen. Aber es kommt anders.

Alles geht sehr schnell und fängt damit an, dass er die Fifth Avenue in Manhattan hinuntergeht. Im Schaufenster eines Antiquitätengeschäfts fällt ihm eine Halskette mit antiken Glasperlen ins Auge, die er so noch nie gesehen hat. Er tritt ein, stellt sich als Experte vor und bittet darum, die Perlen malen zu dürfen, und der Besitzer des Ladens, ein junger Syrer aus Paris namens Fahim Kouchakji, hat dagegen nichts einzuwenden. Im Gegenteil. Er scheint umgehend verstanden zu haben, dass Eisen ein Mann war, der Großes vollbringen konnte, und als die Perlen im Aquarellblock dokumentiert sind, bittet er deshalb, dem fremden Schweden eine seiner letzten Neuerwerbungen zeigen zu dürfen. Einen Silberkelch aus Antiochia.

Ein höchst eigentümliches Stück, einige Jahre zuvor entdeckt; ein schlichter innerer Becher mit Dekorationen auf der Außenseite, die Tiere, Pflanzen und ein Dutzend Menschen darstellen, die gleichsam zu Tisch sitzen. Eisen hatte vor seinem Aufenthalt in New York alle Kunstmuseen Europas mit der gleichen Sorgfalt durchkämmt wie früher die

Dschungel Guatemalas, sodass er mit Bestimmtheit sagen konnte, ein Pendant zu ihm gab es in ihnen nicht. Im Louvre hatte er jedoch mehrere kleine Becher mit der gleichen Form und den gleichen Proportionen gesehen; sie stammten aus der Zeit von Kaiser Augustus.

Fahim Kouchakji, der ein sehr vermögender Mann war, erkundigte sich daraufhin, ob Eisen sich vorstellen könne, ein Gutachten über den Kelch zu verfassen. Nur ein paar Seiten. »Ich nahm den Auftrag an«, berichtete Eisen viel später, »obwohl ich erkannte, dass er einige Tage, vielleicht auch eine ganze Woche in Anspruch nehmen würde.«

Er arbeitete acht Jahre daran. Als das Buch dann schließlich 1923 erschien – *The Great Chalice of Antioch* –, geschah dies in Gestalt eines sieben Kilo schweren, auf handgeschöpftem Papier gedruckten Prachtbands mit Illustrationen, die bis ins kleinste Detail von höchster Qualität waren.

Es lässt sich unmöglich sagen, was dahintersteckte oder was er glaubte. Kouchakji wollte Geld verdienen, so viel dürfte feststehen. Aber was war mit Eisen? Welche Leidenschaften trieben ihn an?

Ich denke nicht, dass er hundertprozentig überzeugt war, in diesem Trinkgefäß den Heiligen Gral gefunden zu haben, oder auch nur, dass die Menschen, die auf seiner äußeren Hülle abgebildet sind, Jesus und seine Jünger waren, aber ich mag mich irren. Ein Brief an Svante Arrhenius, der heute vielleicht vor allem als der Entdecker des Treibhauseffekts bekannt ist, deutet auf das Gegenteil hin. »This object is not alone the earliest Christian work known, but it is the most artistic work of the kind known, and the most important object of art in the whole world today.« Ich fand diesen Brief, datiert 1918, in der Akademie der Wissenschaften in Stockholm.

Jedenfalls bin ich mir ziemlich sicher, dass der Kelch genauso gut zu seinem Temperament und seinem Talent passte wie Gotska Sandön. Er war zwar wesentlich kleiner als die Insel, aber die Größe spielt keine Rolle. Mit scharfen Augen und lebhafter Fantasie lässt sich auch auf Inseln, die in einer Hand Platz finden, alles Mögliche entdecken.

Das Buch verfolgt die Absicht nachzuweisen, wie alt der Kelch ist und dass die Figuren tatsächlich Jesus und die Apostel darstellen. Die langen Indizienketten sollen des Weiteren belegen, dass die Abbildungen höchstwahrscheinlich von jemandem ausgeführt wurden, der diesen dreizehn Teilnehmern des letzten Abendmahls persönlich begegnet war. Auf der ganzen Welt gab es Legionen von Gläubigen, die eine solche Geschichte schlucken würden.

Der Kelch wurde folglich auch binnen kürzester Zeit berühmt. Als man ihn öffentlich ausstellte, musste man Polizisten aufbieten, weil er auf diverse Fanatiker wie ein Magnet wirkte, und hinter den Kulissen verhandelte Fahim Kouchakji mit steinreichen Kaufinteressenten. Auf dem Höhepunkt der Fieberkurve ließ sogar der Vatikan von sich hören. Die Historiker waren allerdings von Anfang skeptisch, und es entspannen sich hitzige Diskussionen. Heute nimmt man an, dass der Kelch aus dem 6. Jahrhundert stammt, übrigens nicht aus Antiochia kommt und nicht einmal ein Kelch ist, sondern eine Öllampe.

Jedenfalls war er schnell berühmt als The Holy Grail. Wer glauben wollte, der glaubte. Punkt. Gekauft wurde er schließlich – für viel Geld – vom Metropolitan Museum of Art und noch 1955 tauchte der Pokal als Vorlage in Paul Newmans Spielfilmdebüt *Der silberne Kelch* auf. Ja, sogar in Monty Pythons *Die Ritter der Kokosnuss* gibt es Anspielungen auf Eisens alten Silberbecher.

Für viele schlichtere Gemüter wird er wahrscheinlich immer heilig bleiben, ganz gleich, was Experten und Komiker sagen mögen. Die Journalistin und Eisen-Bewunderin Magda Måneskôld sagt alles, was wir über die Sache wissen müssen, in einem einzigen Satz, datiert 1936.

> »Ehe wir diese Schilderung beenden, sollten wir jedoch – wenngleich kurz gefasst – Doktor Eisens späteres Wirken summarisch beurteilen, als er jenes Alter erreicht hatte, in dem die meisten Ruhe und Frieden suchen, und sehen, wie es vor die skeptischen Augen der Weltkritik geführt wurde – Gegenstand mehrjähriger kontroverser Debatten, Proteste und aufgebrachter Aussagen seitens zweifelnder Kollegen sowohl in europäischen als auch in amerikanischen Foren, und wie er schließlich, durch seine Sachkenntnis, seine überlegene Intelligenz und nie versagende Selbstsicherheit, ruhig und anschaulich die Zungen der Kritiker verstummen ließ, die eifrigsten Widersacher besiegte, die sich später zu seinen ergebensten Anhängern gesellten durch die größte Entdeckung in der Geschichte unserer Zeit, nämlich die Entdeckung des heiligen Abendmahlkelches von Antiochia.«

Das Buch ist deshalb nur schwer zu bekommen. Und da nicht einmal die Königliche Bibliothek in Stockholm ein Exemplar besitzt, musste ich all mein Talent als Sachensucher in die Waagschale werfen, bis es mir schließlich gelang, es bei einem Antiquar in London zu erwerben. Wie gesagt, es ist das teuerste Buch, das ich besitze, und das größte. Religiöser Humbug in einer Luxusverpackung. Besonders fesselnd fand ich die sogenannte Einatmungstheorie – The Inhalation Theory.

Sie ist der letzte Schritt in jener Kette von Indizien, die Eisen zufolge belegen, dass der Kelch authentisch ist und aus jener Zeit stammt. Die Theorie besagt, dass griechische Künstler und ihre Nachfolger bis zum ersten Jahrhundert nach Christus Menschen abbildeten, die einatmen, während alle späteren Künstler ausnahmslos Menschen abgebildet haben, die ausatmen. Ein Kenner, erläutert er, kann dies sehen und als Datierungsmethode benutzen. Wie er auf die Idee verfallen konnte, dass die Krakeleien auf dem Kelch einatmen, müssen wir hier nicht näher ausführen. Dies zu erkennen, erfordert einen Glauben, für den mir schlichtweg die Voraussetzungen fehlen.

Allerdings fand ich zu meiner Freude, sozusagen im Inneren dieser Theorie, eine andere Geschichte. Es stellte sich nämlich heraus, dass Eisen sich in dem Kapitel über die Einatmungstheorie auf seinen Freund Arthur B. Davies (1863–1928) berief. Er war der eigentliche Experte für griechisches Einatmen. Ein Mystiker. Ich glaube, wir müssen von hinten anfangen.

*

Die Umstände von Arthur Bowen Davies Tod in Florenz 1928 waren, vorsichtig formuliert, rätselhaft und das Ganze wurde zusätzlich noch dadurch verschlimmert, dass sein Ableben in den USA erst sieben Wochen später bekannt wurde. Das war merkwürdig, vor allem, weil Davies damals zu den angesehensten Künstlern des Landes gehörte und in den Augen vieler der größte von allen war. Noch Jahre später wurden in den Zeitungen Zweifel daran laut, dass er tatsächlich tot war. Vielleicht hielt er sich ja nur fern.

Das hatte er auch früher schon getan, obwohl keiner so richtig verstanden hatte, warum. Die Antwort war allerdings simpel: Frauen. Seine Geschichte ist nicht seine, sondern die seiner Frauen. Sogar die Kunst gehörte, buchstäblich, ihnen.

Davies stammte aus Utica im Bundesstaat New York und studierte an der Kunstakademie in Chicago. Nach einigen Wanderjahren, in denen er seinen Lebensunterhalt als Zeichner für die Santa Fe Railway in Arizona und New Mexico bestritt, ließ er sich vierzig Kilometer nördlich von New York auf einem Hof am Hudson nieder. Nun ja, niederlassen trifft es vielleicht nicht richtig, aber der Hof blieb jedenfalls zeit seines Lebens seine Adresse oder zumindest eine von mehreren, und die Frau, die ihn besaß, Virginia Meriwether, wurde zudem seine Frau.

Virginia stammte aus den Südstaaten. Eine tatkräftige Frau, die schon einmal verheiratet gewesen war, als junges Mädchen, und zwar mit einem Burschen, der trank und sich aufspielte und kurz nach der Trauung die Dummheit beging, eine Pistole auf seine junge Frau zu richten, was er bereuen sollte, denn auch sie war bewaffnet, woraufhin sie plötzlich Witwe war. Es war natürlich Notwehr, rein rechtlich ein unkomplizierter Fall, aber die Presse empörte sich trotzdem und machte der jungen Frau das Leben schwer, sodass sie lieber nach New York ging und Ärztin wurde.

Seinen Mann zu erschießen mochte nicht weiter ungewöhnlich sein, aber als Frau in den achtziger Jahren des 19. Jahrhunderts Medizin zu studieren war einmalig. Virginia war eine der ersten Frauen in diesem Beruf.

Doch nun wollten sie Bauern werden, sie und Davies; ein romantisches Projekt, das praktisch sofort platzte, als Letztgenannter zu verstehen glaubte, dass ein Familienleben auf dem Land nicht ganz seinen Vorstellungen entsprach. Virginia war im fünften Monat schwanger (die beiden bekamen eine Reihe von Kindern), als Davies nach Manhattan zog, um seine Karriere als Künstler wieder aufzunehmen. Die Familie besuchte er bestenfalls an den Wochenenden, und da es dauerte, bis sich die Bilder allmählich verkauften, musste seine Frau auf dem Land als Ärztin und Hebamme weiterarbeiten. Sie soll 6000 Kindern auf die Welt geholfen haben und entwickelte mit den Jahren zudem eine recht einträgliche Erdbeerproduktion.

Nun gut, Arthur B. Davies war ein Maler, der den Zeitgeist traf. Er war erkennbar beeinflusst von den englischen Präraffaeliten und bald auch von Symbolisten wie Arnold Böcklin, Pierre Puvis des Chavennes und Edvard Munch. Ebenso früh interessierte er sich für die Kunst der Antike, insbesondere die der Griechen, und in Kombination mit unauslöschlichen Erinnerungen an die Sierra Nevada und andere wilde Landschaften im Westen köchelte er das Ganze zu einem sehr persönlichen Stil ein, dominiert von mystischen traumartigen Gebirgslandschaften und Ebenen, die im Vordergrund von Menschen bevölkert waren, meist zartgliedrigen, mehr oder weniger unbekleideten Frauen, die seltsame, gleichsam zögerliche Tanzbewegungen ausführten.

Davies erinnert in seiner romantischen Melancholie ein wenig an David Wallin, an den sich heute sicher kaum noch jemand erinnert, obwohl er ständig seine Frau malte, die sehr schön war, und darüber hinaus gegen starke Konkurrenten wie Isaac Grünewald, Bruno Liljefors und andere bei den Olympischen Spielen in Los Angeles 1932 die Goldmedaille in Malerei gewann, eine Disziplin, die es heute leider nicht mehr gibt.

Im Gegensatz zu Wallin malte Davies jedoch selten seine Frau. Er mietete Modelle, jüngere Schönheiten, und wie wir gleich sehen werden, ist sein ganzes Schaffen ab der Jahrhundertwende ein guter Beleg für den Verdacht, dass es beim Interesse männlicher Künstler für den weiblichen Körper im Wesentlichen um Sex geht. Bekanntermaßen gibt es auch hiervon abweichende Erklärungen, eine ehrenwerter als die andere, aber man muss schon ein beträchtliches Quantum an Naivität und kunstwissenschaftlichem Kauderwelsch bemühen, um von der sexuellen Anziehung absehen zu können – der des Malers und des Betrachters.

Davies wurde zum bestbezahlten amerikanischen Künstler seiner Zeit. Und seltsamerweise waren es Frauen, die seine Bilder kauften. Die Kunstszene im New York jener Zeit scheint das reinste Matriarchat gewesen zu sein. Lillie Bliss, Gertrude Vanderbilt Whitney, Abby Aldrich Rockefeller und wie sie alle hießen, hielten mit Bravour den Handel in Schwung und legten mit ihren Privatsammlungen das Fundament für einige der hervorragendsten Kunstmuseen unserer Zeit. Sie hatten gigantische Vermögen geerbt oder durch Heirat erworben, angehäuft von Räuberbaronen, die in Öl und Aktien machten, und schufen nun, da das Geld ausgegeben werden sollte, einen Kunstmarkt, der einen Damien Hirst wie einen fahrenden Trödelhändler aussehen lässt.

Diese Frauen waren es auch, die Arthur B. Davies' größten Triumph finanzierten, The 1913 International Exhibition of Modern Art oder, wie sie später genannt wurde, The Armory Show. Nur selten, wenn überhaupt jemals sonst, hat eine Kunstausstellung größere Bedeutung gehabt als diese. Was sich in Paris und andernorts in Europa bereits seit längerer Zeit unter Bezeichnungen wie Fauvismus, Kubismus etc. abgespielt hatte, traf das New Yorker Publikum wie ein Schlag. Seither teilt man die amerikanische Kunstgeschichte in zwei klar abgegrenzte Epochen ein – vor und nach The Armory Show.

Davies reiste häufig nach Europa und erkannte deshalb früh, wohin sich die Waagschale in der Kunst neigte. Die Moderne in ihrer damaligen Gestalt war einfach die Zukunft. Deshalb beschloss er, eine repräsentative Auswahl seiner Lieblingskünstler für eine Ausstellung in die USA zu verschiffen. Picasso, Cézanne, Matisse, Léger, Kandinsky, Braque, die ganze Bande. Es gelang ihm, allein von van Gogh achtzehn Werke zu ergattern und vierzehn von Munch. Nun, ihre Vorgänger waren auch reichlich vertreten – Ingres, Delacroix, Courbet, Manet, Renoir, Monet, Corot, Degas, Whistler, alle.

Die Wirkung war dementsprechend. Ein Skandal. Die Kunstkritiker verurteilten das Spektakel und der Präsident, Theodore Roosevelt, der von Davies persönlich herumgeführt wurde, blieb vor Marcel Duchamps Gemälde *Akt, eine Treppe herabsteigend Nr.* 2 (1912) stehen und äußerte die fortan geflügelten Worte – »This is not art« –, die seither alle Menschen mit Selbsterhaltungstrieb veranlasst haben, darauf zu verzichten, Humbug als Humbug zu bezeichnen. Einiges Wegducken und pure Feigheit in der zeitgenössischen Kunstkritik lassen sich auf diese Äußerung zurückführen. Niemand wagt es, das Risiko einzugehen, eine falsche Ansicht zu vertreten.

Nun, das Ganze verkehrte sich binnen kürzester Zeit in einen durchschlagenden Erfolg; die akademischen Konventionen, die bis dahin wie eine nasse Decke auf der amerikanischen Kunst gelegen hatten, waren bald Geschichte. Jetzt, da es für ihn lief wie geschmiert, hatte Davies natürlich keine Zeit, besonders oft zu Hause zu sein. Einzelausstellungen folgten Schlag auf Schlag und 1920 nahm er an der Biennale in Venedig teil. Außerdem brauchte er Ruhe, um künstlerisch arbeiten zu können, das wussten alle. Er war so, irgendwie schwer zu greifen.

Obwohl das wohl weniger mit der Kunst als mit der Tatsache zusammenhing, dass er damals seit langem unter falschem Namen in einer geheimen Wohnung in Manhattan mit Edna Potter, einem seiner früheren Modelle, zusammenlebte. Er nannte sich David A. Owen, Ingenieur, und die beiden hatten eine gemeinsame Tochter namens Ronnie. Mit Virginia auf der Farm war nachweislich nicht zu spaßen, sodass man sich zurückhalten musste, was seinem Ruf als großer Maler natürlich nicht schadete.

Alles ging gut, bis Ronnie zwölf war und anfing, sich für die Herkunft ihrer Eltern zu interessieren. Davies, alias Mr. Owen, erkannte die Gefahr und brachte Edna und Ronnie in eine Wohnung in Paris, man schrieb das Jahr 1924. Doch auch dort gab es zahlreiche Amerikaner, die ihn erkennen konnten, immerhin war er inzwischen berühmt, sodass sie schon bald wieder umziehen mussten, diesmal nach Florenz.

Davies wurde langsam paranoid, wozu er sicher allen Grund hatte. Noch 1920 hatte er sich in seinem Doppelleben so sicher gefühlt, dass er an der Volkszählung jenes Jahres unter zwei Identitäten teilnahm, an zwei Adressen, aber jetzt würde der Spaß bald ein Ende haben. Er hatte seit vielen Jahren ein neues Modell, eine Frau, mit der ihn höchstwahrscheinlich ebenfalls eine sexuelle Beziehung verband, schaffte es jedoch, sie auf Distanz zu halten, ohne entlarvt zu werden.

Er starb in Florenz. Edna ließ die Leiche einäschern und nahm das Schiff nach New York, wo sie Virginia auf ihrer Farm aufsuchte und ihr alles erzählte. Man hat sie vor Augen. Zwei Frauen, eine ältere mit mehreren Kindern und Enkelkindern und eine jüngere mit einer stinkwütenden pubertierenden Tochter an ihrer Seite. Ronnie hatte erst auf dem Schiff in die Heimat von der wahren Identität ihres Vaters erfahren.

Aber die Geschichte endete nicht dort. Virginia und Edna beschlossen nämlich, die Zähne zusammenzubeißen und den Skandal zu vertuschen. Gemeinsam reisten sie nach Europa, um Spuren zu verwischen und zu retten, was zu retten war. Davies' private Kunstsammlung war riesig. In Paris und Florenz befanden sich gewaltige Reichtümer und in New York fanden sie noch mehr, als sie seine Atelierwohnung im Chelsea Hotel leerten, übrigens ein Haus, das sich noch heute mit ungewöhnlichen Gästen, die ein tragisches Ende genommen haben, brüstet. Dylan Thomas starb dort an Alkoholvergiftung und später brachte Sid Vicious von den Sex Pistols, in einem anderen Zimmer, seine Freundin Nancy Spungen um.

*

Wie kommt es eigentlich, dass Hotels, die ihren guten Ruf pflegen wollen, ausgerechnet mit jenen unglücklichen Gästen werben, die nie mehr auschecken können? Es mag eine harte Branche sein, aber trotzdem. Als ich vor ein paar Jahren als Redner nach Växjö eingeladen war, wo die kulturell interessierte Bevölkerungsschicht von einem unerwarteten Interesse für Schwebfliegen erfasst worden war, wies der Veranstalter mich darauf hin, dass man für mich ein Zimmer im Stadthotel gebucht hatte, und ergänzte, gleichsam beiläufig: »Dort starben der Dichter Birger Sjöberg und die Opernsängerin Christine Nilsson.«

*

Davies' Frauen verkauften die Kunstwerke, darunter sechzehn Gemälde von Picasso, und dachten sich eine glaubwürdige Geschichte dafür aus, warum der Todesfall erst mit siebenwöchiger Verspätung publik geworden war.

Vermutlich war Eisen einer von ganz wenigen Menschen, die von Davies' Doppelleben wussten. Kein Zweifel, die beiden passten gut zusammen; sie waren Sammler und leidenschaftliche Theosophen mit einem Hang zu mystischen Theorien wie der vom Einatmen. Um der Gerechtigkeit willen muss jedoch erwähnt werden, dass Eisen beim Urheber der Einatmungstheorie ein falsches Spiel betrieb. Er schrieb sie Davies zu, aber eigentlich war sie Ednas Idee gewesen.

Edna Potter Owen war Tänzerin, bevor sie zu Davies' Modell und Liebhaberin wurde. Sie war stark beeinflusst von Isadora Duncan, die ihr Interesse für griechischen Tanz geweckt hatte. Daher stammte die Einatmungstheorie, was ich eines Tages erkannte, als ich in Uppsala in Eisens nachgelassenen Papieren blätterte und zwei Briefe von Helena Garretson an ihn fand. Briefe, in denen es um Tanz ging.

Wer aber war Helena Garretson? Nun, ein Pseudonym – für Edna Potter Owen. Eine Kunsthistorikerin und Tanzforscherin in den USA, mit der ich in Kontakt stehe, hat mir erzählt, dass Edna unter dem Pseudonym Helena Garretson ein Buch mit dem Titel *Dancing* (1922) geschrieben hat. Es steht im Katalog der Library of Congress in Washington, ist jedoch verschollen. Meine Freundin, die Tanzforscherin, hat jahrelang in der ganzen Welt gesucht, ohne ein einziges Exemplar auftreiben zu können. Verschwunden. Einer der Briefe an Eisen, geschrieben in Paris 1924, ist unterzeichnet »Edna P. Owen (Helena Garretson)«. Er muss es gewusst haben. Eines schönen Tages werde ich dieses Buch finden.

Zu Eisens nachgelassenen Papieren gehört auch ein sehr umfangreiches unveröffentlichtes Manuskript, das den Titel *Legends of The Holy Grail* trägt. Wie ich ihn kenne, trug er alles zusammen, was es über diesen Gral in Gestalt von mittelalterlichen Mythen und Legenden zu wissen gab, aber für alles war verständlicherweise kein Platz in seinem Buch über den Kelch aus Antiochia. Vielleicht stellte er sich ein noch größeres und allgemeiner gehaltenes Werk vor, über den Gral im weiteren Sinne. Nicht bloß als Gegenstand, sondern als Traum.

17

DIE NISTKÄSTEN IM CENTRAL PARK

Als *The Great Chalice of Antioch* erschien, war Gustaf Eisen fünfundsiebzig Jahre alt. Ein alter Mann, der in seinem Leben den Punkt erreicht hatte, an dem die Biografie jedes normalen Menschen allmählich ausdünnt. Man lässt es etwas gemächlicher angehen; genießt in aller Ruhe seinen Lebensabend. Nicht so Eisen. Er hält das gleiche hohe Tempo, bis zuletzt.

Drei große Buchprojekte stehen noch aus.

Als Kunsthistoriker hatte er sich jetzt etabliert, was ihm neue Möglichkeiten eröffnete, und so packte er als Erstes seine europäischen Aufzeichnungen über antikes Glas aus. Nicht über die Perlen, das Manuskript wurde nie gedruckt, sondern über Glas im Allgemeinen. Mit diesem Thema hatte er sich ebenfalls während seiner Jahre in Rom beschäftigt, und seine Kontakte zum Metropolitan und anderen Kunstmuseen gaben ihm die Chance, das Projekt nun abzuschließen. Der Finanzmogul J. P. Morgan hatte fränkisches und merowingisches Glas gesammelt, eine Kollektion, die sich nunmehr in New York befand, und die Witwe eines anderen Räuberbarons, William H. Moore, hatte eine noch bessere Sammlung unter ihren Fittichen.

Eisen erhielt Zugang zu beiden und anderen Sammlungen; auch Fahim Kouchakji war weiterhin beteiligt, als Kenner wie als enger Freund und als Financier des Buchs, das auch diesmal ein prachtvolles Werk wurde. *Glass – its Origin, Chronology, Technic and Classification to the Sixteenth Century* (1927) umfasst etwa 800 Seiten in zwei reich illustrierten Bänden. Das Werk wurde in 500 nummerierten Exemplaren gedruckt und ist dementsprechend schwer zu beschaffen, vor allem, weil es bei der Klassifizierung von Glas aus pharaonischer Zeit und späteren Epochen bis heute als verwendbar gilt.

Tja, nun war er achtzig, und es wurde höchste Zeit, sich etwas Neues einfallen zu lassen. Diesmal kehrte er zur Porträtmalerei zurück, die er Anfang der siebziger Jahre bei Carl Way in Uppsala studiert hatte, und tat dies in einer Weise, die ich sowohl konsequent als auch, sagen wir, rührend finde. Als wollte er alles ausnutzen, was er im Laufe der Jahre gelernt hatte, wirklich alles; seinen zoologischen Blick für anatomische und andere Details, sein Stehvermögen als Sammler, das Interesse für Porträts und, in erster Linie, seine sorgsam ausgefeilte Begabung für Systematik.

Er machte sich ans Werk, sein erstaunlichstes Buch zu schreiben, darüber hinaus meiner Meinung nach sein bestes und das seltenste. Exklusiv wie eine Schwebfliege der Gattung *Callicera*, nahezu unmöglich aufzutreiben – *Portraits of Washington* (1932). Gut tausend Seiten in drei Bänden, gedruckt in einer Auflage von 300 Exemplaren. Es muss von Anfang an sehr kostspielig gewesen sein, so außerordentlich liebevoll ist es hergestellt; das Papier, die Fotogravuren, die Typografie, die goldgeprägten Ledereinbände, alles. Keine schwedische Bibliothek besitzt dieses Werk. Nur ich.

Portraits of Washington ist eine Studie über sämtliche bekannten Porträts des ersten Präsidenten der Vereinigten Staaten. Nein, nicht von sämtlichen, aber von wirklich vielen. Manche Besitzer, schreibt Eisen in seinem Vorwort, sind nicht bereit, einem ihre Bilder zu zeigen, manchmal aus Sorge, ein Kenner könnte sie als billige Kopien identifizieren. Dafür muss man Verständnis haben. Er bekam auch so noch Werke von insgesamt etwa einhundertfünfzig Künstlern zu sehen; Gemälde, Stiche, Skulpturen. Ein Dschungel.

Das Porträt des Präsidenten wurde schon früh zu einer Industrie. So ist es immer in jungen Republiken. Als ich einmal vor langer Zeit den nördlichen und östlichen Kongo durchquerte oder Zaire, wie das Land damals hieß, übernachtete ich oft in Dörfern, in denen es praktisch an allem fehlte. Ein Haufen windschiefer Hütten bloß, im Wald, aber ein Porträt des Diktators Mobutu Sese Seko besaß man von ganz wenigen Ausnahmen abgesehen immer. Es gibt, auch heute noch, viele ähnliche Beispiele, und ich stelle mir vor, dass man in den USA auf die Art ziemlich lange weitermachte. Dies lässt sich mit schlichten soziobiologischen Begriffen erklären, aber das dürfte hier nicht nötig sein.

Der berühmteste unter Washingtons Porträtmalern war Gilbert Stuart (1755–1828). Er ist beispielsweise der Urheber jenes Abbilds, das die Ein-Dollar-

Note ziert. Immer wieder kehrte er zum gleichen Motiv zurück und war einer der wenigen, denen es gelang, den Präsidenten dazu zu bewegen, eine Weile stillzusitzen. Später kopierte er seine eigenen Gemälde und nach ihm wurden sie eine Ewigkeit von anderen kopiert. Deshalb ist der erste Band von Eisens Buch ausschließlich den Porträts Stuarts gewidmet.

Der Autor macht keinen Hehl daraus, dass er sich der gleichen Methode bedient hat, die ihn einst zu einem führenden Regenwurmforscher machte. Der Trick bestand darin, sich auf scheinbar nebensächliche Kleinigkeiten zu konzentrieren; Details, die dem Blick des Laien entgehen. Gewöhnliche Kunstexperten, befindet Eisen, scheitern oft bei ihrem Versuch, Echtes von simpler Nachäfferei zu unterscheiden, da sie darauf beharren, ihre Urteile mit allgemein gehaltenen Ansichten über Stil und Ähnlichkeit zu begründen.

Eisen seinerseits plädiert dafür, die Gefühle, den Geschmack und ähnliche subjektive Faktoren des Betrachters möglichst zu umgehen, indem man stattdessen Accessoires wie Haarbänder und Krawatten des Präsidenten mustert sowie kaum wahrnehmbare Detailvariationen der Möbel, sogar das Muster des Teppichs, auf dem der Bursche steht. Geleitet von solchen Studien, in makelloser Ausführlichkeit, erarbeitet er seine letzte Bestimmungstabelle.

Sinnlos, natürlich. Aber sagen Sie mir, was ist das nicht?

Die Arbeit bereitete ihm unübersehbar großes Vergnügen und wahrscheinlich erhielt sie ihn am

Leben. Er erzählt unter anderem, dass er schon 1915 anfing, Material über Washington zusammenzutragen, in erster Linie zur Entspannung, als eine Art, sich von anderen, anstrengenderen Aufgaben zu erholen. Auch ich beschäftige mich mit derartigen Handarbeiten, fürchte ich.

*

Irgendetwas an Eisen ließ mich an meine eigene Kindheit zurückdenken. Anfangs dachte ich nur selten an sie, aber im Laufe der Zeit, als ich erkannte, dass er im Grunde nie weiter als bis Gotska Sandön gekommen war, erinnerte ich mich wieder an die Nächte mit Thorbjörn Stärner, in denen wir uns darüber stritten, was genetisch festgelegt ist und was man selbst bestimmen kann. Erst heute begreife ich, dass er recht hatte, als er meinte, der Charakter sei schon beim Jugendlichen ziemlich festgelegt. Eisen suchte das Glück, oder den Sinn, wenn man so will, in einem immer gleichen, laufend in verschiedenen Gestalten wiederholten Projekt.

Portraits of Washington war jedenfalls ein Anlauf großen Stils. Während seiner Untersuchung korrespondierte der Autor mit Museen und privaten Sammlern in aller Welt, und wie viele Porträts er am Ende fand, lässt sich nur schwer überblicken. Es müssen Tausende gewesen sein. Allein von dem schwedischen Maler Adolph Ulric Werthmüller spürte er ein Dutzend Gemälde auf und beschreibt alles detailliert, ihre Entstehungsgeschichte, ihre Besitzer und variierenden Schicksale. Tagelang konnte ich mich nicht losreißen, war gefesselt – befreit erst von einem Kommentar auf Seite 1021.

> »Experte zu sein heißt nur, dass man Erfahrung hat. Aber es gibt Erfahrungen unterschiedlicher Art, und Quantität ist nicht immer von gleicher Bedeutung wie Qualität. Es gibt viele Experten; viele sind sehr erfahren; unfehlbar ist jedoch keiner. In den Augen der Öffentlichkeit ist jemand, der am meisten verneint und lächerlich macht, auch derjenige mit dem größten Wissen. Wie sollte er sonst erkennen können, dass andere sich irren?
> Es ist eine weitverbreitete Auffassung, dass Beifall kein Wissen erfordert, dass alle bestätigen können, ohne etwas vom Thema zu verstehen. Zu verneinen ist dagegen etwas anderes und zeugt von Wissen. Der Autor vertritt die Ansicht, dass es in Fragen der Kunst keine generellen Fachleute gibt. Unser heutiges Wissen mag es wert sein, in Betracht gezogen zu werden. In ein paar Jahren wird es in Frage gestellt werden und ehe eine Generation vorübergezogen ist, wird es kaum mehr sein als falsche Vorstellungen von früher. Die sicherste Methode in Fällen, die von Zweifeln und Meinungsverschiedenheiten geprägt sind, besteht darin, die Belege anzufordern und anschließend logisch und vorurteilsfrei zu bewerten. Alles Wissen ist bestenfalls bloß ungefähr.«

Diesen Tonfall kannte ich bereits. Das Thema mag ein Echo von René Malaise sein, diesem Irren, aber der Ton erinnert eher an Charles Darwin im hohen Alter. Um die Debatten sollen sich andere kümmern; wichtig ist, dass man tut, was man kann. Hat man dabei seinen Spaß, ist das natürlich ein Pluspunkt.

Ich lernte Gustaf Eisen nie wirklich kennen, meinte jedoch gelegentlich zu verstehen, was er tat und warum. Schon im Januar 1875 schrieb er Stuxberg aus San Francisco von seinem Plan.

> »Falls mich nicht zu viel Pech verfolgt, habe ich meine Entscheidung getroffen, und diese lautet in Kürze: 1. Niemals eine feste Stelle mit Gehalt anzustreben. 2. Mir finanzielle Unabhängigkeit zu erarbeiten. 3. Zu meinem eigenen großen Vergnügen sowie für den Fortschritt der Wissenschaft im Allgemeinen zu studieren und nicht für die Interessen einiger weniger Personen. 4. Das Leben auf möglichst großzügige Art zu genießen, womit ich meine, zu tun, was mir gefällt, zu reisen, wohin ich will, und zu studieren, was ich will.«

Er war damals siebenundzwanzig Jahre alt und sollte seinem Stil ziemlich treu bleiben. Zumindest trug er seine Misserfolge mit Würde. Finanziell unabhängig wurde er zwar eher nicht, weshalb er sich gezwungen sah, recht häufig für andere zu arbeiten, aber irgendwie brachte er seine Geldgeber trotzdem immer wieder dazu, nach seiner Pfeife zu tanzen.

In einem Interview erklärte er, dass es in seinem Leben nicht viel gebe, was er bereue. Das sagt man ja so. Aber eins hätte er, nach Lage der Dinge, gerne ungeschehen gemacht: das Exil. Er bereute, Schweden verlassen zu haben und Amerikaner geworden zu sein. Es war nicht so, dass er verbittert gewesen wäre, für so etwas hatte er keine Zeit; trotzdem denke ich, die Einsamkeit des Alters veranlasste ihn, sich heimzusehnen.

Ende der dreißiger Jahre schrieb er einen langen Brief an Nils Dahlbeck, den Vorsitzenden des Schwedischen Naturschutzbundes, in dem es um eine alte Fichte ging, die ihm aus dem Sommer 1854 in Erinnerung geblieben war. Sie habe damals in der Nähe von Harfs Pfarrhof in Uppland gestanden. Gab es sie möglicherweise noch? Er beschrieb ihren Standort ganz genau und legte eine Zeichnung des Baums bei, wie er seiner Erinnerung nach ausgesehen hatte. Dahlbeck antwortete respektvoll, dass es ihm leider nicht gelungen sei, diese bemerkenswerte Fichte zu lokalisieren. »Wahrscheinlich steht sie nicht mehr. Die schwedische Natur verändert sich heute in einem ungeahnten Tempo. Was wir, die wir ihre Naturreichtümer zu bewahren suchen, retten können, sind bloß Bruchstücke.«

Eisen hatte die größten Bäume der Welt gerettet, trotzdem waren es die Fichten seiner Kindheit, die an der Park Avenue rauschten, wo er als sehr alter Mann lebte. Ich glaube, ich verstehe den Grund. Vieles kann man sich auch in fernen Ländern aneignen und lieben, aber das tiefste Gefühl für den Wald und die Wiesen, für die Vögel und die Duftspuren von Hagebuttenblüten in der sommerlichen Abenddämmerung ist gleichwohl das, was einem bleibt, wenn am Ende auch das Alter selbst eine Art fremdes Land geworden ist. In einem anderen Interview sagte Eisen mit für ihn ungewöhnlicher Heftigkeit: »Ich weiß, dass ich alt bin, und das macht mich wahnsinnig wütend.«

*

Die Luxuswohnung in Manhattan, die er in den letzten beiden Lebensjahrzehnten bewohnte, war typischerweise nicht seine eigene. Fahim Kouchakji wohnte dort mit seiner jungen amerikanischen Ehefrau Evelyn. Sie kümmerten sich um Eisen, als wäre er ein alter Verwandter. Neunzigjährig wurde er auf einem seiner Morgenspaziergänge von einem Lastwagen angefahren und brach sich die Hüfte so kompliziert, dass wohl niemand glaubte, er würde wieder gehen können, was er aber dann natürlich nach ein paar Monaten in Gips doch tat.

Er lief vielleicht nicht mehr wie ein Junge, war aber bei verblüffend guter Gesundheit, als kurz darauf Erik Wästberg im Auftrag von *Vecko-Journalen* vorbeischaute und schrieb: »Er gehört zum universellen Gelehrtentyp der Renaissance, ein fahrender Forscher von einer Statur wie aus entschwundener, mythischer Zeit, und sogar ein moderner Journalist mit ephemeren und negativistischen Neigungen nähert sich nicht ohne Ehrfurcht seinem Schreibtisch, auf dem eine syrische Tempelkatze zwischen den Manuskripten umhertapst.«

Man könnte sagen, Gustaf Eisen beschloss seine Tage als Katzenhüter in der Park Avenue. Das Ehepaar Kouchakji besaß außerdem noch einen Papagei, um den er sich ebenfalls kümmerte, wenn die beiden auf ihren zahlreichen und langen Reisen in die ganze Welt unterwegs waren. Die Eichhörnchen im Park nicht zu vergessen. Sie scheinen seine allerbesten Freunde gewesen zu sein.

In all den Jahren, die er in New York lebte, verbrachte er jeden Morgen zwischen sechs und neun

Uhr drei Stunden im Central Park, wo er spazieren ging, nachdachte und, nicht zu vergessen, Eichhörnchen und Vögel fütterte. Eines der interessantesten Manuskripte, die ich in Uppsala fand, ist ein flammender, fünfundzwanzig Seiten langer Appell gegen die Verwahrlosung des Central Parks, adressiert an den Bürgermeister von New York. Ich weiß nicht, ob er veröffentlicht wurde oder in anderer Weise von Nutzen war, aber wir blieben jedenfalls auf dem Heimweg von Kalifornien in der Stadt und mieteten ein Zimmer an der Upper West Side. Wir wollten ins Metropolitan Museum, um uns den Silberkelch anzuschauen, und da wir schon einmal da waren, nutzte ich die Gelegenheit, ein paar Tage durch den Park zu streunen.

Der Central Park ist eine der paradiesischsten Inseln der Welt. Auch ich würde mich dort sicher jeden Morgen einfinden, wenn ich dauerhaft in Manhattan leben würde. Seine Begrenzung flößt mir ein Gefühl von Geborgenheit ein. Ich weiß wie gesagt nicht, welche Rolle Eisen für die Instandhaltung des Parks spielte, konnte aber feststellen, dass Punkt für Punkt alles so gekommen war, wie er es haben wollte, wenn auch möglicherweise erst posthum. Die Geschichte mit den Nistkästen deutet allerdings an, dass er bereits zu seinen Lebzeiten einen gewissen Einfluss auf die Entwicklung hatte.

Es war in den letzten Jahren vor seinem Tod.

Tagsüber und abends war er vollauf damit beschäftigt, Keilschrift lesen zu lernen – eine Sprache, die ihm bei der Arbeit an seinem Buch über babylonische, mesopotamische und andere Zylindersiegel, mit denen er sich damals beschäftigte, gerade recht kam (es wurde 1940 vom Chicago Oriental Institute veröffentlicht) –, aber morgens begab er sich wie üblich in den Central Park. Er kannte über hundert Eichhörnchen als Individuen, mit Namen und allem. Man darf annehmen, dass die Freundschaft erwidert wurde. Er muss eine der wirklich prägnanten Gestalten des Parks gewesen sein, wahrscheinlich hoch respektiert.

Und so erzählt man sich, dass die Parkverwaltung jedes Jahr eine Limousine mieten ließ, die Eisen durch den Park fuhr, überallhin, damit er die Bäume auswählen konnte, an denen neue Nistkästen angebracht werden sollten.

Was kann ein Mann mehr verlangen?

18

DIE FLIEGEN VERLASSEN DIE INSEL

Meine eigene Suche nach einem Sinn im Dasein mit Hilfe von etwas klar Abgegrenztem führte mich schließlich zu der dünnen Schrift *Die Fauna im Dom von Lund.* Ein Wissenschaftler, bewundernswert in seiner korrekten Sachlichkeit, berichtet darin, was er während einer Inventarisierung des Heiligtums im Mai 1936 alles gefunden hat, angefangen bei den Fledermäusen in den Turmluken bis zu den Kellerasseln in der Sakristei und all den Springschwänzen verschiedener Art, die er zwischen Schimmel und Müll in den dunkelsten Winkeln der Krypta entdeckte. Dort unten hatte er im tausendjährigen Brunnen sogar nach Plankton gekeschert.

Perfekt! Lautete mein erster Gedanke. Vielleicht war das die geheime Kombination, die scheinbar unmögliche Mischung aus allem, nach der ich mit Kerzen und Laternen so viele Jahre gesucht hatte. Neugierig und gedankenlos lief ich gleichsam geradewegs durch das Tor der Geschichte hinein, den Kescher bereithaltend, ähnlich wie ein zwölfjähriger Junge, wenn die Großen Hopfen-Wurzelbohrer endlich in der Hochsommerdämmerung in einer halb zugewachsenen Gärtnerei zwischen Meer und Wald über Brennnesseln und Echtem Mädesüß fliegen.

Jetzt! Jetzt!

Dann geschah etwas Unerwartetes. Auch Ersehntes, spürte ich.

Ich hörte das Tor hinter mir zuschlagen. Einsam stand ich in der Dunkelheit. Lauschte. Und das Einzige, was ich wahrnahm, obwohl ich wirklich sorgsam und lange in mich hineinhorchte, war der Duft von Staub. Ich versuchte es wirklich. Die Spur war doch ohne jeden Zweifel richtig; alles stimmte. Der fragliche Forscher hatte sogar einen der Wissenschaft völlig unbekannten Springschwanz im Kellergeschoss des Doms gefunden, eine Art, die später nach dem Fundort *Pseudosinella religiosa* getauft wurde – doch nicht einmal das ließ mein Herz höher schlagen. Die Lust war fort.

Ich machte auf dem Absatz kehrt und ging wieder hinaus.

Es war mein letzter Versuch, abgebrochen, bevor er überhaupt begonnen hatte.

Wieder an der frischen Luft, wurde mir schlagartig bewusst, dass Eitelkeit und Ehrgeiz, mein alter Wunsch, der Beste zu sein, offenbar ein wenig ermattet waren. Auch die Angst, in Vergessenheit zu geraten und zu vereinsamen, schien immer schwächer zu werden. Es war nicht so, dass ich etwas für Romantik übrig gehabt hätte, so war es natürlich nicht, aber in letzter Zeit interessierte ich mich zweifellos immer mehr für Schönheit. Man mag es nennen, wie man will. All diese Arten waren eine Sprache, das ist richtig, aber ich kannte mittlerweile genügend Vokabeln auswendig, um mich mehr für die größere Erzählung zu interessieren, und zwar auch jenseits der Geborgenheit dieser Insel des geschlossenen Raums.

Nun gut, etwas war zu Ende gegangen. Ich hatte es nur nicht gemerkt.

Erst als meine Fliegen die Insel verließen, begriff ich, dass alles aus und vorbei war. Naturforschung in allen Ehren. Aber was ist sie schon im Vergleich zur Kunst?

*

Ich hatte mir immer vorgestellt, man müsse diese Geschichte ziemlich schnell erzählen.

Daraus wurde nichts.

Nein, nichts kam, wie ich es mir vorgestellt hatte.

Ständig trafen unvorhergesehene Dinge ein, Schlag auf Schlag, und am Ende war es, als würde sich die Fliegensammlung, meine Schwebfliegen von unserer Insel in den Schären, vor meinen Augen in etwas anderes verwandeln. Es war wirklich nichts, was ich geplant hatte, jedenfalls nicht bewusst. Bloße Zufälle, sonst nichts. Oder?

Plötzlich gehörten sie mir nicht mehr, die Fliegen. Die Sammlung hatte ein Eigenleben entwickelt; einige tausend getrocknete Fliegen auf Nadeln in geraden Reihen wie eine Militärparade auf dem Roten Platz – zehn Jahre meines Lebens –, die Bühne gehörte ihnen, mitten im Scheinwerferlicht. Jetzt sollten sie Kunst werden. Moderne Kunst. Es fiel mir schwer, mir eine idiotischere Idee vorzustellen. Es war zum Glück nicht meine gewesen.

Etwas am Sammeln an sich zog die Kunstleute an – menschliche Verhaltensweisen und Leidenschaften überhaupt, die Konzentration und die Genauigkeit – und das dürfte der Grund dafür gewesen sein, dass ich eines Tages eingeladen wurde, an einem Seminar im Moderna museet in Stockholm als Experte teilzunehmen, an einer Veranstaltung über die Psychologie des Sammelns. Nach dem Willen der Organisatoren sollte ich die Sache vor Publikum mit einem Kunstwissenschaftler und einer Psychoanalytikerin diskutieren. Das klang gefährlich, aber ich konnte einfach nicht Nein sagen. So weit war meine Eitelkeit dann doch noch nicht abgeklungen.

Mein Misstrauen der Psychoanalytikerin gegenüber war groß, allerdings weniger aus Überzeugung als aus Loyalität zu Vladimir Nabokov, dessen Bücher ich damals verschlang. Er hatte etwas gegen Freudianer und Symbolisten, also galt für mich das Gleiche. Man muss doch zusammenhalten. Zumindest wehrte er sich gegen alle Versuche, eine Symbolik in der Tatsache zu erkennen, dass er Schmetterlinge sammelte, und wenn jemand versuchte, seine Passion so darzustellen, als wäre sie bloß Ausdruck anderer, dunklerer Triebe, wurde er wütend und traurig.

Während des Zweiten Weltkriegs arbeitete Nabokov als professioneller Entomologe am Harvard Museum of Comparative Zoology in Boston, Spezialist für Bläulinge, aber das hatte natürlich nichts mit seinen Romanen zu tun. Jedenfalls nicht direkt. Es gab einen entfernten, indirekteren Zusammenhang, erklärte er einmal, zwischen, wie er sich ausdrückte, »der Sorgfalt der Dichtkunst und der Spannung der unverfälschten Naturwissenschaften«, was damals bestimmt keiner so richtig begriff, aber das hatte er wohl auch nicht beabsichtigt.

Jedenfalls hatte er mich veranlasst, Freudianer viel zu autoritätshörig und somit ein wenig lächerlich zu finden, und als ich dann schließlich im Museum vor dem Publikum auf der Bühne stand, legte ich einigermaßen forsch los und stellte meinen Gesprächspartnern eine Falle, aber meine Strategie schlug ziemlich schnell fehl, weil die fragliche Psychoanalytikerin eine bezaubernde Frau war, die eine Reihe denkwürdiger Dinge über die Bedeutung der Kindheit sagte, und der Kunstmensch zwischen uns war so angemessen hilflos, dass er nicht mehr mitkam und nicht weiter störte, als wir anfingen, die Frage zu diskutieren, wie viele Schuhpaare man eigentlich besitzen musste, um als Schuhfetischist durchzugehen. Am Ende hatten wir richtig Spaß.

Und irgendwo dort begann auch meine Laufbahn als Künstler oder zumindest die Laufbahn der Fliegen als Kunst.

Zwei Jahre später wurde nämlich entschieden, dass der nordische Pavillon bei der Biennale in Venedig 2009 von zwei in Berlin wohnhaften Künstlern gestaltet werden sollte, der eine Däne, der andere Norweger; ein für alle Eingeweihten weltberühmtes Künstlerduo, das in der internationalen Rankingliste von Gegenwartskünstlern, auf der alles bis zum tausendsten Platz als sensationell gut betrachtet wird, eine ehrenvolle Position um Platz 150 behauptet. Ich hatte noch nie von ihnen gehört. Sie hatten frühzeitig beschlossen, dass die Ausstellung den Titel *The*

Collectors bekommen und folglich aus Kunstwerken bestehen sollte, die in verschiedener Weise die Freuden und den Irrsinn des Sammeln widerspiegelten. Und nun waren sie auf der Suche nach geeigneten Objekten.

Einer der Direktoren am Moderna Museet, der ihnen bei ihrer Suche behilflich war, erinnerte sich daraufhin, dass man dort zwei Jahre zuvor Besuch von einem Experten zum Thema Sammeln bekommen hatte, einem Mann, der sich bei einem Seminar mit einer Freudianerin über Fliegen und eventuell auch Schuhe unterhalten hatte. Vielleicht hatte er ja eine Idee. Ein Kontakt wurde vermittelt. Wir trafen uns an einem Herbstabend im Museum und sprachen über die Ausstellung, tauschten Höflichkeiten aus und loteten probehalber die Tiefe des jeweils anderen aus, und diese Zusammenkunft führte komischerweise später dazu, dass man darum bat, meine Fliegen in Venedig ausstellen zu dürfen. Dort sind sie im Moment, während ich dies schreibe, die ganze Rasselbande – als der letztgültige und in meinen Augen schönste Beleg dafür, dass die internationale Gegenwartskunst am Ende ist, erledigt.

Trotzdem zögerte ich keine Sekunde. Meine Fliegensammlung, aufbewahrt in einhundertvierundvierzig Plastikschachteln, die wiederum in neun Aluminiumschubladen mit Glasdeckeln eingeordnet sind, ist wirklich ein lohnender Anblick. Kunst ist sie vielleicht nicht, aber im Gegensatz zu allen anderen meiner Werke, und ich meine wirklich allen – angefangen bei meinem ersten Zeitungsartikel, den ich als Siebzehnjähriger in der *Västerviks-Tidningen* über eine viele hundert Jahre alte Eiche schrieb, die, so hohl wie eine Tonne, von ungebildeten, unkultivierten Menschen von den Elektrizitätswerken in der Nähe des Gränsö-Kanals gefällt wurde –, im Gegensatz zu diesen Werken, den Büchern, allem, ist sie völlig frei von anderen Absichten entstanden, als mir Freude zu bereiten.

So gesehen ist die Fliegensammlung ein Konzentrat des Glücks der Gedankenlosigkeit. Sollte sie einem etwas zu sagen haben, dann vielleicht, dass die Freiheit beginnt, wenn man einen Schritt zur Seite tritt, und sei es auch nur, um sich für einen Moment mit etwas zu beschäftigen, das sich selbst genug ist und nicht Teil der eitlen Jagd nach Respekt, Wertschätzung, Macht, Geld, Liebe, Ruhm – Ehre.

Sogar meine *Callicera* durfte mitfahren, obwohl ich heute nur noch diese eine Fliege sammele. Es erschien mir nicht richtig, sie zu Hause festzuhalten, während alle anderen einen Betriebsausflug nach Venedig machen dürfen. Alles oder nichts.

Ich wurde sogar von einem überraschenden Verständnis für die Formsprache der Symbolisten übermannt, als ich an einem wolkenverhangenen Tag im März, als der Schnee wie eine graubraune Soße auf der Straße lag, mit meiner Sammlung in der Schubkarre zum Schiffsanleger spazierte, um sie meinem Freund, dem Schreiner, liefern zu lassen, der einst die Insektenfauna in einem solitären, hohen Baumstumpf auf einem Kahlschlag inventarisierte und durch diesen Coup eine gewisse Berühmtheit erlangte. Nun sollte er jeweils drei Schubladen zu einem mehrere Meter breiten Triptychon zusammenbauen, das bei der Biennale dann an eine Wand gehängt werden konnte.

Ich sah mich selbst, gleichsam von oben, auf der Straße im Schneematsch.

Die Schubladen waren schwer. Das Schärenboot wartete.

Mit einer höheren Summe versichert als der, die das Haus auf unserer Insel einst gekostet hatte, reisten sie gen Süden. Vielleicht werde ich sie niemals wiedersehen dürfen.

Ich war bei der Einweihung nicht dabei. Zu viel Aufmerksamkeit vertrage ich nicht. Champagner im Übrigen auch nicht. Meine Abgesandten vor Ort haben mir jedoch erzählt, wie es zuging, als Königin Sonja von Norwegen die Ausstellung eröffnete, während es von Journalisten aus aller Welt nur so wimmelte und alle Fliegen sich gleichsam streckten und in ihren Kästen ein bisschen vornehm taten. Ein halbes Jahr werden sie dort hängen. Wenn die Ausstellung im November schließt, werden keine Fliegen auf der Welt – keine, glauben Sie mir – so vielen schönen Frauen so nahe gewesen sein.

Gut, Männern natürlich auch. Die Kuratoren der Ausstellung machen keinen Hehl daraus, dass der nordische Pavillon in diesem Jahr eine im Wesentlichen männliche Angelegenheit ist, noch dazu offensichtlich homoerotisch. Ganz in der Nähe meiner Schwebfliegen hängen beispielsweise Werke des unanständigen Künstlers Touko Laaksonen (1920–1991) alias Tom of Finland, der während seiner gesamten Karriere darauf beharrte, Seemänner und amerikanische Polizeibeamte mit muskulösen Unterarmen und mindestens ebenso groben, anschwellenden Geschlechtsorganen abzubilden. Sie soll ja herausfordern, die Gegenwartskunst. Provozieren. Oder sollte. Auch das wird sicher bald vorbei sein, darf man hoffen.

Es gab in den achtziger Jahren, fällt mir dabei ein, einmal eine Punkband in Göteborg, die sich Tätowierte Bullenschwänze nannte. Nun, ihre Musik klang in etwa so, wie der Name es erwarten lässt. Nichts Besonderes. Gut war allein ihr Name, eine wahre Entdeckung für alle, die sich auch nur ansatzweise für die Möglichkeiten von Sprache interessieren. Wahrscheinlich sollte es eine Provokation sein. Aber das funktionierte natürlich nicht, vor allem, weil die Provokation als künstlerische Methode schon damals institutionalisiert und akademisch geboten war.

Mittlerweile ist es so weit gekommen, dass die Affronts der Bildkunst, der zwanghafte Tabubruch, zu einem Trost für all jene geworden sind, denen die Kraft oder der Mut fehlt, ihren eigenen Weg zu gehen. Zum Denken anzuregen, ist nicht weiter schwierig. Das gelingt auch schlichteren Gemütern, sogar solchen, die sich mit Reklame beschäftigen. Die Schönheit dagegen. Sich ihr zu nähern, heute, als bildender Künstler mit Ambitionen, die über das nächstgelegene Heimatmuseum hinausreichen, erfordert nicht selten eine Courage, in deren Nähe all die herausfordernden, grenzüberschreitenden, zynisch ironischen Provokateure nicht einmal ansatzweise gewesen sind.

Stellt man in Venedig Fliegen aus, ist das Ende nah, sehr nah.

Ich wäre nicht weiter erstaunt, wenn irgendein Kenner sie als bloße Punkte betrachten würde, als ein Raster, vielleicht als eine Art neuartigen Pointillismus. Und sollte sogar ein Kaufinteressent auftauchen, der seinen Reichtum auf eine Art erworben hat, die man gar nicht so genau wissen möchte, und sich bereit erklären, das Werk zu kaufen, werde ich es veräußern, für viel Geld, und anschließend allen, die es hören wollen, von ihrem Stückpreis erzählen – der sich trotz allem wohl auf nicht mehr als vielleicht tausend Kronen belaufen wird, was bei manchen Exemplaren als ein Schnäppchen betrachtet werden muss. Eine *Callicera aurata* zu ergattern ist, wie gesagt, nicht jedem vergönnt.

Aber hier heißt es alles oder nichts.

Keiner würde sich mehr freuen als ich, wenn die Fliegen auf diese Art als Beleg dafür dienen könnten, dass die internationale Gegenwartskunst ein Jahrmarktszelt, ein Zirkus ist, in dem man vor langer Zeit die Elefanten gegen zusätzliche Clowns ausgetauscht hat.

Wenn innig religiöse, aber gleichwohl überzeugte Atheisten erklären sollen, was in der Lage ist, ihnen geistige Erfahrungen zu schenken, die mit dem Weihrauch und den Mythen und Sagen von Geisterwesen in den vielen alten Religionen vergleichbar sind, sprechen sie im Allgemeinen über klassische Musik und manche über gewisse Dichter. Manchmal auch über modernere Musik, aber äußerst selten von der Gegenwartskunst. Als Therapiecouch betrachtet, mag sie gar nicht so dumm sein, ansonsten aber schon. Ich weiß, ich bin ungerecht, denn es gibt Ausnahmen, aber noch hat die bildende Kunst einen langen Weg vor sich, nicht zurück, sondern in irgendeine Richtung, welche auch immer, um die Schönheit wiederzuentdecken, die Literatur, Musik, Tanz und Architektur nie aufgegeben haben.

Zur Verteidigung der Kuratoren muss allerdings gesagt werden, dass *The Collectors* zumindest ein ehrlicher Salon ist, weil man die Bedeutung der Liebe, wenn auch nur in ihrer krass biologischen Form immerwährender Fortpflanzungsreflexe, in diesem Zusammenhang nicht unter den Teppich kehrt. Unanständig vielleicht, aber ehrlich. Denn auch wenn die Gedankenlosigkeit vorzuziehen ist, gewinnt man doch immer, wenn man seine Absichten nur so weit verbirgt, dass alle, die wollen, sie doch sehen können, ganz gleich, ob diese Beweggründe nun erotischer Art sind oder nichts weiter als das schlichte Bestreben, die tiefe Grube der Einsamkeit zu umrunden.

*

Mittlerweile bin ich Besitzer eines Fledermausdetektors, eines Apparats im Taschenformat, der die Ultraschalllaute von Fledermäusen auf elektronischem Wege in deutlich hörbare Frequenzen umwandelt. Jeder einsame Mensch sollte ein solches Gerät besitzen oder auch jeder, der lediglich schüchtern ist und es nicht wagt, sich seinem Tischnachbarn so ohne weiteres mit dem Vorschlag eines Bummels in der Dunkelheit zu nähern.

So etwas ist ja nicht immer leicht.

Man sitzt an einem Sommerabend auf irgendeiner

Veranda zusammen. Das Gespräch wendet sich unmerklich dem Thema Film zu, ein untrügliches Zeichen dafür, dass das Fest allmählich ins Leere läuft und bald in Enttäuschung verebben wird. Dann schaltet man den Detektor ein. Fledermäuse gibt es praktisch überall, und wie die weitverbreiteten Arten klingen, lernt man schnell. Man braucht nicht viel Aufhebens darum zu machen. Man lässt nur halbwegs beiläufig, gleichsam zu sich selbst, ein paar Worte fallen.

»Heute Abend scheinen viele Zwergfledermäuse unterwegs zu sein.«

Oder was man eben gerade hört.

Keine Fellini-Analyse der Welt überlebt eine solche Attacke. Selbst Ingmar Bergman kann einpacken. Alles ist wieder möglich, und die Sommernacht lächelt. Glauben Sie mir. Erklärt man kurz darauf, man wolle sich ein wenig die Beine vertreten und einen kurzen Spaziergang im Mondschein machen, etwa zum See hinunter, um die Rufe der Wasserfledermäuse anzupeilen, dann muss man nicht alleine gehen.

ZITIERTE BÜCHER

Callenbach, Ernest: *Ökotopia. Notizen und Reportagen von William Weston aus dem Jahre 1999*. Berlin: Rotbuch Verlag 1978, S. 73.

Lindgren, Astrid: *Pippi Langstrumpf*. Hamburg: Oetinger 1967, S. 30, 281.

Steinbeck, John: *Meine Reise mit Charley. Auf der Suche nach Amerika*. München: dtv 1999, S. 199.